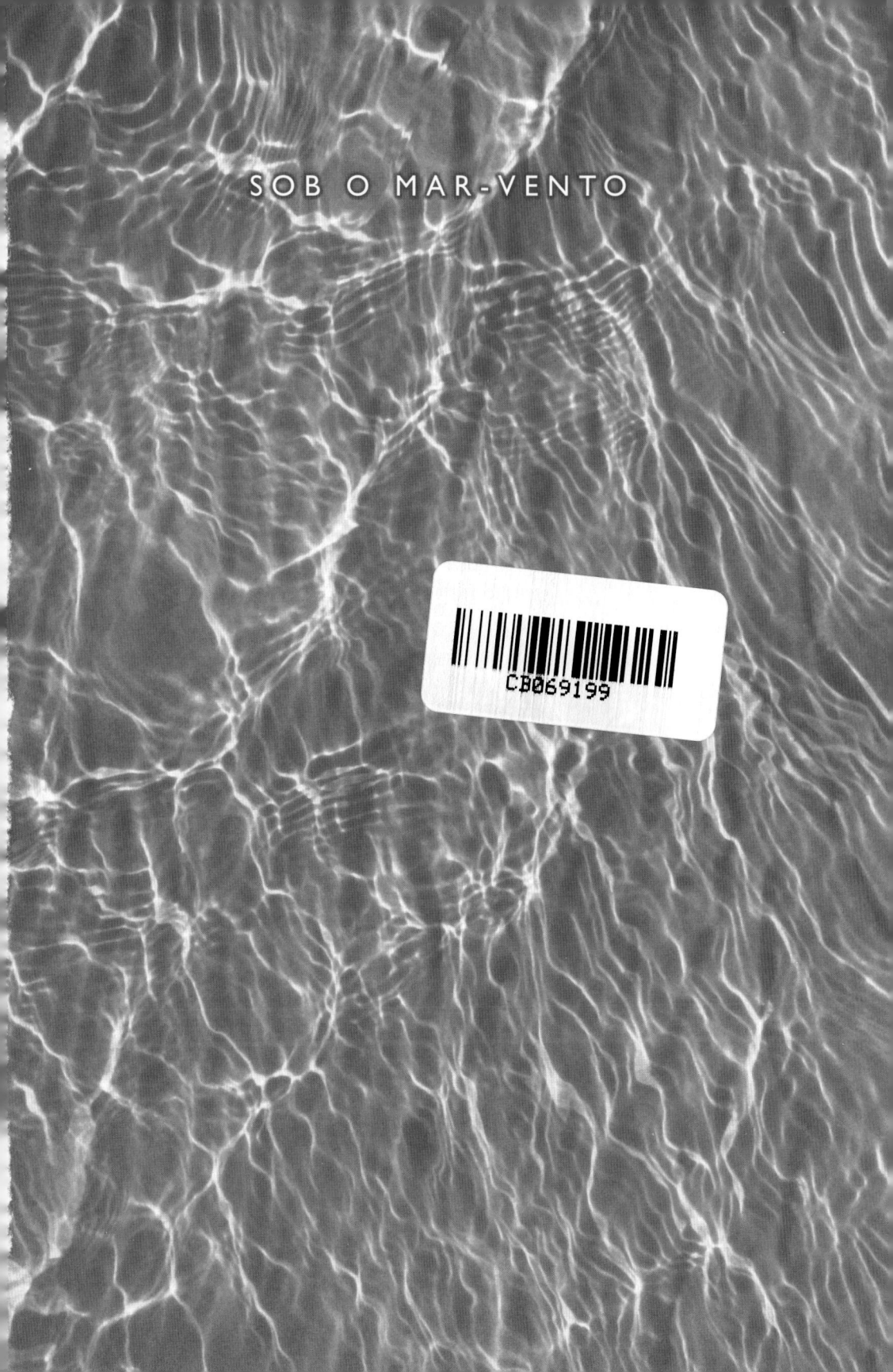

SOB O MAR-VENTO

SOB O MAR-VENTO

Tradução Antonio Salatino
Professor titular do Instituto de Biociências da USP
Introdução Linda Lear

São Paulo
2011

UNDER THE SEA-WIND
Copyright © 1941 by Rachel L. Carson.
Copyright © renewed 1969 by Roger Christie.
Published by arrangement with Frances Collin, Trustee u-w-o Rachel Carson.

1ª Edição, Editora Gaia, São Paulo 2011

Diretor-Editorial
Jefferson L. Alves

Diretor de Marketing
Richard A. Alves

Gerente de Produção
Flávio Samuel

Coordenadora-Editorial
Dida Bessana

Assistente-Editorial
Iara Arakaki

Preparação de Texto
Luciana Chagas

Revisão
Tatiana Y. Tanaka / Ana Carolina G. Ribeiro

Foto de Capa
Sara Johnson/Shutterstock

Capa
Eduardo Okuno / Mauricio Negro

Projeto Gráfico
Tathiana A. Inocêncio

Editoração Eletrônica
Neili Dal Rovere

Dados Internacionais de Catalogação na Publicação (CIP)
(Câmara Brasileira do Livro, SP, Brasil)

Carson, Rachel, 1907-1964.
Sob o mar-vento / Rachel Carson ; tradução Antonio Salatino ; introdução Linda Lear. – São Paulo: Gaia, 2011.

Título original : Under the sea-wind.
ISBN 978-85-7555-252-0

1. Biologia marinha – Oceano Atlântico. 2. Meio ambiente. I. Lear, Linda. II. Título.

11-01374   CDD-578.773

Índices para catálogo sistemático:
1. Biologia marinha 578.773

Direitos Reservados

EDITORA GAIA LTDA.
(pertence ao grupo Global Editora e Distribuidora Ltda.)

Rua Pirapitingui, 111-A – Liberdade
CEP 01508-020 – São Paulo – SP
Tel.: (11) 3277-7999 – Fax: (11) 3277-8141
e-mail: gaia@editoragaia.com.br
www.editoragaia.com.br

Obra atualizada conforme o
Novo Acordo Ortográfico da Língua Portuguesa

Colabore com a produção científica e cultural.
Proibida a reprodução total ou parcial desta obra sem a autorização do editor.

Nº de Catálogo: **3128**

Para minha mãe

Sumário

Introdução – Linda Lear   9

Prefácio   22

Livro 1 – Beira-Mar

1. Maré cheia   28

2. Um voo na primavera   39

3. Encontro no Ártico   49

4. Final de verão   65

5. Ventos soprando para o mar   73

Livro 2 – O caminho da gaivota

6. Migrantes do mar primaveril   82

7. O nascimento de uma cavala   86

8. Os caçadores do plâncton   92

9. A enseada   98

10. Rotas marítimas   107

11. O veranico no mar   116

12. Rede de bolsa   125

Livro 3 – Rio e mar

13. Jornada para o mar   134

14. Refúgio de inverno   145

15. Retorno   156

Glossário   165

Sugestões de leitura complementar   187

Introdução

SOB O MAR-VENTO, a estreia literária de Rachel Carson, começou modestamente como uma introdução de onze páginas para o folheto informativo de uma repartição governamental envolvida com a pesca. O livro assinalou o surgimento de uma das mais renomadas autoridades do século XX na literatura em língua inglesa, além de uma cientista que definitivamente mudou a forma de encarar nossa relação com a natureza. Embora aclamada pela crítica, essa primeira obra não teve amplo acolhimento, em virtude da deflagração da Segunda Guerra Mundial, que estava em curso no ano de sua publicação (1941). A decepcionada autora comprou de volta os exemplares não vendidos e os deu de presente a amigos que ela prezava. Mas Carson jamais abandonou a ideia de que um dia o livro seria republicado. *Sob o mar-vento* foi inspirado no amor devotado por Carson àquilo que é mistério e deslumbramento. Dentre todas as suas publicações, esse era seu livro favorito, pois lhe recordava uma época rara e tranquila de sua vida.

Em abril de 1936, Carson era uma zoóloga desempregada, autora *freelancer* do U. S. Bureau of Fisheries (setor governamental da indústria pesqueira dos Estados Unidos), encarregada de escrever roteiros para programas radiofônicos sobre a vida oceânica. À noite, ganhava dinheiro escrevendo artigos sobre a história natural da baía de Chesapeake para o jornal *The Baltimore Sun*, assinando-os como "R. L. Carson", numa tentativa de convencer os leitores de que a autoria era de um homem, para que sua ciência fosse levada a sério. Seu chefe no Bureau, Elmer Higgins, dera-lhe a incumbência de escrever uma introdução geral sobre a vida marinha para um novo folheto. A mãe de Rachel, Maria, datilografou cuidadosamente o ensaio, denominado "O mundo das águas", usando o tipo pequeno da antiga máquina de escrever Smith Corona. No dia seguinte, Carson sentou-se no escritório de Higgins, em Washington, D.C., à espera do veredito. O ictiólogo, funcionário do governo, imediatamente deu-se conta de que o artigo era inadequado: o que ele estava lendo era um ensaio literário. Carson nunca se esqueceu da conversa: "Meu chefe [...] devolveu-me os papéis com um piscar de olhos. 'Não acho que sirva', ele disse. 'É melhor tentar de novo. Mas mande este aqui para o *Atlantic [Monthly]*'.". Satisfeita com a resposta, Carson guardou discretamente o ensaio numa gaveta da escrivaninha e retomou sua incumbência. Quase um ano depois, a realidade econômica obrigou-a a tentar vendê-lo ao *Atlantic Monthly* – a revista literária mais importante da época –, conforme Higgins havia sugerido.

Lendo-se até mesmo os primeiros rascunhos, é fácil entender o entusiasmo de Higgins e compreender por que o *Atlantic Monthly* comprou e publicou o artigo de Carson em setembro de 1937, simplificando o título, que passou a "Sob o mar". O ensaio, um relato narrativo sobre a fantástica quantidade de criaturas submarinas, introduziu dois dos mais persistentes temas literários de Carson: as relações ecológicas da vida oceânica, que vêm se estendendo por longas eras, e a imortalidade material que envolve até mesmo o mais minúsculo dos organismos. No texto, ela conduz o leitor a uma viagem que chega aos mais profundos leitos do oceano, sob a imediata perspectiva de um olho submarino. Cada cena é descrita cientificamente, porém com tamanho encanto e maravilha que o mundo submarino fica acessível até aos leitores com mínimos conhecimentos científicos. "Sob o mar" lançou Carson como uma escritora que atrairia grande atenção por sua fala singular e cientificamente acurada, mas, ao mesmo tempo, poética e lírica. Na ecologia marinha, Carson não só havia descoberto algo sobre o que adorava escrever, como também o meio pelo qual podia compartilhar sua visão de unicidade da natureza. A autora admitiu mais tarde que dessas quatro páginas em *Atlantic [Monthly]* "seguiu-se todo o resto".

Desde sua infância no oeste da Pensilvânia, a jovem zoóloga que escreveu "Sob o mar" havia sido uma arguta observadora do mundo natural, particularmente de aves. Sempre adorou escrever, e a natureza era o que ela mais conhecia, além de ser o assunto em que ela encontrava maior deleite. Na universidade, Carson deu o inusitado passo de mudar da área de Inglês para a Zoologia, sob influência de uma hábil professora. Para graduar-se com formação científica, Carson obteve bolsas de pesquisa no Laboratório de Biologia Marinha, em Woods Hole (Massachusetts), no ano de 1929, e na Universidade Johns Hopkins, em

Baltimore (Maryland). Mas, nos anos da Depressão da década de 1930, não havia emprego para mulheres no meio científico. O desempenho quase perfeito de Carson nos exames de concurso para emprego público federal possibilitou que Higgins lhe concedesse uma indicação em 1937; mas foi seu indiscutível talento literário que fez que ela galgasse os postos do U. S. Fish and Wildlife Service nos quinze anos seguintes.

A exemplo da maioria dos escritores ambiciosos em início de carreira, Carson precisou de um mentor literário para seguir adiante. Quincy Howe, então editor-sênior da Simon & Schuster, além do renomado jornalista, historiador cultural, explorador e ilustrador Hendrik van Loon, um dos melhores autores daquela editora, haviam ficado impressionados com "Sob o mar". Van Loon – cuja primeira carta a Carson chegou memoravelmente num envelope salpicado com água das verdes ondas de um mar em que tubarões e baleias moviam suas ávidas mandíbulas – queria saber o que mais Carson conhecia sobre a realidade sob a superfície do mar. Foi essa pergunta que a fez pensar seriamente em escrever um livro. Em janeiro de 1938, Van Loon marcou um encontro com Howe, no qual Carson apresentou o esboço de um livro com cerca de uma dúzia de capítulos, introduzidos por um prefácio baseado no seu primeiro ensaio.

Inicialmente, ela pensou numa narrativa da vida diária de diversas criaturas marinhas, com estilo muito semelhante ao do grande naturalista inglês Henry Williamson, cujo trabalho admirava profundamente. O livro seria dividido em três partes: uma para a vida na costa, "Beira-mar"; uma para o mar aberto, "A trilha da gaivota"; e outra para as profundezas abissais, "Rio e mar". Cada parte contaria a história de um determinado animal: uma gaivota, uma cavala e uma enguia. Em conjunto, as três histórias teceriam uma trama da qual emergiriam a ecologia do oceano e a interdependência de todas as suas criaturas. O personagem central, no entanto, seria o próprio mar. Para ter êxito, Carson precisava de imaginação, observação aguçada e uma abrangente compreensão científica do oceano e de seus habitantes.

Mais do que ajuda financeira, de que ela urgentemente necessitava, Carson desejava conhecer pessoalmente o mundo marinho subaquático. Ela pediu a Van Loon que a apresentasse ao seu amigo William Beebe, famoso oceanógrafo e ornitólogo, que era, na época, diretor de pesquisa tropical da Sociedade Zoológica de Nova York. Carson explicou que a oportunidade de um mergulho lhe daria "uma percepção da água que nem mesmo o maior número de experiências de qualquer outra natureza poderia lhe proporcionar". Infelizmente, seu primeiro e único mergulho subaquático, ocorrido uma década depois, foi realizado em condições distantes das ideais; mas, para Carson, até mesmo uma experiência sombria se revelava transformadora.

Como bióloga de atividade pesqueira, a amplitude de sua compreensão acerca dos processos naturais não era extraordinária, mas sua resposta ao mundo natural e seu sentimento de fascínio e deleite distinguiam sua atitude em relação à pesquisa científica e à prosa literária. Carson foi primeiramente a Beaufort (Carolina do Norte), no verão de 1938, levando consigo sua mãe e duas sobrinhas que sustentava. A estação de pesca em Beaufort era, na época, a maior instalação de pesquisa da Costa Leste, próxima à de Woods Hole, e tinha a vantagem de abranger uma larga extensão de praia oceânica. Carson buscou as regiões mais remotas, encontrando uma faixa selvagem particularmente adorável, que usou como cenário de seus capítulos sobre aves costeiras. Ela programara sua visita a Beaufort baseando-se nas marés e na lua cheia. Por mais forte que soprasse o vento, Rachel caminhava pela praia a qualquer hora. Durante o dia, fazia anotações sobre as idas e vindas das aves costeiras, observava as pequenas criaturas da orla, tais como caranguejos e pulgas-da-areia, e coletava material. Às vezes, simplesmente deitava-se de costas sobre as dunas, com as mãos na nuca, observando e escutando as aves que giravam e gritavam no alto.

Ela gostava especialmente de perambular pela praia à noite, aventura que se tornou um hábito para toda a vida. De lanterna na mão, Carson observava as criaturas noturnas saírem de seus esconderijos, invisíveis à luz do dia até mesmo aos olhos mais observadores. Nas anotações sobre suas observações noturnas, feitas num pequeno caderno preto, ela incluía os sons e cheiros do mar à noite, das marés, do vento e dos pinheiros em terra firme, além de relatar a calmaria das lagoas da praia, deixadas pela maré alta. Tais imagens confeririam a seus escritos as características mais distintivas.

Carson também descobriu pântanos e lagoas nas areias salgadas, em locais onde as dunas que formavam a barreira litorânea desabavam no mar. Passava horas sentada, totalmente enlevada, observando onda após onda passar pela areia e desaguar nas lagoas, onde a maré alta libertava milhares de pequenos peixes que haviam ficado cativos desde a última cheia. Observando-os nadar contra a corrente em direção ao oceano, ela ficava profundamente comovida pela reverência que sentia em relação ao mistério da vida. Naquele verão, Carson apaixonou-se pelos bancos de areia mais distantes da praia e pela misteriosa relação entre mar e costa. Independentemente de quantas vezes ela tenha retornado para lá, o deslumbramento diante daquele lugar, tal como ela o conhecera naquele verão, permaneceu vívido para sempre em sua memória.

Introdução

No verão seguinte, em 1939, Carson foi para o norte, para a estação de Woods Hole. Ali, trabalhou na biblioteca e no laboratório, mas, sobretudo, caminhou pelas praias ao longo da enseada e sentou-se nos cais de pesca, anotando em cadernos suas observações sobre os peixes. Também observava as marés, que traziam e levavam seu tesouro ao profundo canal oceânico. A experiência lhe proporcionou maior compreensão da vida e aprendizagem sobre peixes em cardume, bem como a fez conhecer melhor o fluxo e o refluxo da vida sob o mar.

Carson era uma escritora sem pressa, perseverante. Com um emprego público que consumia suas horas diurnas, ela adquiriu o hábito de trabalhar tarde da noite ou de manhã bem cedo, quando a casa estava quieta. Seu processo criativo requeria total solidão e ela preferia o silêncio, pois se distraía até mesmo com os ruídos domésticos banais. Revisava parágrafo por parágrafo, às vezes até mesmo sentença por sentença, antes de avançar no texto. Entre os manuscritos preservados de *Sob o mar-vento*, estão sete rascunhos de uma página do capítulo "Um voo na primavera", cada um repleto de correções. Cônscia do papel da aliteração e do ritmo para criar atmosferas ideais, lia para si mesma páginas inteiras em voz alta, antes de pedir à mãe que as lesse novamente, para poder ouvi-las. Enquanto Carson estava no emprego, sua mãe datilografava os textos revisados, a fim de que estivessem prontos para o trabalho noturno da filha. Foi um padrão que ambas preservaram em cada peça escrita por Carson, até sua mãe falecer, em 1958. Cada rascunho era lido em voz alta, vezes e vezes seguidas, até Carson ficar satisfeita com a sonoridade e a aparência visual.

No começo da primavera de 1940, Carson mandou a Quincy Howe os cinco capítulos que formam o Livro I. Meses de ansiedade se passaram. Foi só em junho que Carson recebeu um contrato, um pagamento antecipado e a informação do limite de prazo final para conclusão da obra, que seria em dezembro daquele ano. Assegurada a publicação, ela passou a um ritmo acelerado, descobrindo que escrever sob pressão não era uma coisa tão ruim. Na última semana de julho de 1940, Carson voltou à estação de pesca de Woods Hole para completar sua pesquisa sobre o leito oceânico profundo.

Como funcionária pública efetiva, ela podia viajar regularmente na *Phalanthrop*, a pequena draga de pesca que navegava de um lado a outro do estreito de Vineyard ou da baía de Buzzard. Quando ainda era estudante de graduação, ao deparar pela primeira vez com os tesouros trazidos do fundo do mar, Carson perguntou-se onde viveriam aquelas criaturas e como sobreviviam. Agora, ela possuía o conhecimento científico que permitiria à sua imaginação descer abaixo do nível da água e ver "em plenitude a existência das criaturas que viviam naquele estranho mundo".

Carson passava horas nas docas, da mesma maneira que fizera nas praias de Beaufort. Observava os cardumes de cavalas subindo e descendo ao longo do quebra-mar feito de pedras, com lulas e outros predadores disparando na direção deles. Devia ser uma bela imagem: uma mulherzinha mirrada, de 33 anos, sentada no cais, vestindo uma simples blusa branca e calças de algodão, com o vento soprando seu cabelo castanho-claro em torno da face oval. Ela enchia folhas e folhas de cadernos não só com listas de criaturas, mas, novamente, com sons, cores e movimentos que as caracterizavam.

Carson tinha ideias precisas a respeito da composição de seu livro. O glossário deu ao livro a necessária legitimidade científica, pois era pleno de um material descritivo acurado (e ao mesmo tempo fascinante) que Carson não poderia incluir no texto.

Sua última viagem a Woods Hole ajudou-a a fazer os últimos ajustes em suas ideias e, acima de tudo, a mergulhar num "mundo que era inteiramente água". Ao voltar para casa, em Silver Spring (Maryland), a autora tinha tudo de que precisava para terminar o livro. Sua mãe datilografou impecavelmente o manuscrito final e Carson o enviou na véspera do Ano-Novo de 1940. Os editores da Simon & Schuster ainda contam a história de como *Sob o mar-vento* se revelou o único original recebido sem um único erro de datilografia. Anos depois, Carson rememorava os momentos de redação desse livro como uma das épocas mais felizes de sua vida. Aprender sobre os seres marinhos, desde o leito oceânico até a superfície, havia sido puro deleite. Ela não conseguia se lembrar desses meses de 1940 sem uma pontada de saudade, impregnada daquele evanescente sentimento de imersão total no processo criativo.

Sob o mar-vento é uma aventura na ecologia do ar e da água. Enquanto "Sob o mar" havia fornecido uma visão submarina do leito oceânico, *Sob o mar-vento* (originalmente, o título era "A imagem de um naturalista sobre a vida oceânica") constituía um retrato muito próximo das criaturas do mar e da costa, em cujo mundo de ar e água o leitor penetra como observador. Embora as três partes do livro focalizem protagonistas diferentes – as aves marinhas, a cavala Scomber, e a enguia Anguilla –, o todo se mantém uno por existências vividas em intimidade com o mar. A expressão "mar-vento" no título foi um recurso abreviado que Carson encontrou para se referir à inclusão de toda a vida no âmbito de um sistema único. Ela sutilmente nos apresenta as linhas da ecologia em que cada entidade está envolvida e às quais se unem por meio de um ciclo de vida integrado. O livro apresenta uma nova escritora, com uma forma original de refletir sobre o mundo natural, com o qual mantemos relacionamento íntimo. De modo semelhante ao dos livros que se seguiram – *O mar que nos cerca*,[1] *Beira-mar*,[2] *The sense of wonder* (A sensação do fascínio) e *Primavera silenciosa*[3] –, Carson nos conduz numa jornada com a motivação de mudar nossas atitudes em relação ao mundo natural.

A trama de *Sob o mar-vento* envolve a luta de cada criatura marinha para sobreviver e se reproduzir. Não é uma história de determinismo darwiniano moldada por uma luta feroz, mas pelo papel do acaso. Os sobreviventes são aqueles que estão no lugar certo e na hora certa. O perigo está em toda parte. No entanto, a narrativa de Carson sobre a vida marinha transmite uma sensação geral de tranquilidade. Tudo é como deveria ser, dentro de um padrão baseado num antigo e interminável ciclo, às vezes violento, porém confortador, dada a certeza de sua reiteração. O que marca o estilo de Carson não é seu interesse científico pelas forças impessoais da natureza que atuam sobre os protagonistas, mas sua identificação solidária a cada criatura, com que estabelece uma conexão espiritual e física. Em *Sob o mar-vento*, Carson confronta uma das questões centrais de quem escreve sobre a natureza: como conferir aos processos naturais um significado metafórico e espiritual, sem comprometer a precisão científica da luta pela sobrevivência de cada criatura? Sua voz transmite ciência e poesia. Carson mostra-se apaixonada pelo fascínio que encontra na natureza.

Sob o mar-vento foi também um produto de seu tempo, refletindo ansiedade pelo futuro, porém reafirmando as constantes mudanças da natureza. O mundo estava em guerra, e a morte era uma realidade próxima demais de cada ser humano e de cada nação. A percepção de Carson acerca da "imortalidade material" permeia sua narrativa e se manifesta em sua reflexão sobre os problemas maiores da existência humana. A morte de uma criatura contribui para a vida de outra, numa cadeia infindável de reencarnações. O sistema mar-vento enlaça igualmente as existências vividas no ar, na água e (Carson infere) também na terra. O fluxo incessante de vida e morte que se vê sob o vento e o mar confere certo otimismo à luta da existência humana em toda parte.

Como em todo trabalho subsequente de Carson, sua prosa foi influenciada pela escola romântica da literatura voltada à natureza, exemplificada pelo inglês Richard Jefferies. Em *Sob o mar-vento*, ela recorre particularmente a *The Pageant of Summer* (O cortejo de verão, 1905), obra na qual Jefferies afirma liricamente que

....
1 São Paulo: Gaia, 2010. (NE)
2 São Paulo: Gaia, 2010. (NE)
3 São Paulo: Gaia, 2010. (NE)

"todo o propósito da Matéria é alimentar a vida". A visão desse autor – para quem o mar era fonte de vida, tanto concreta quanto espiritual – foi essencial para a compreensão de Carson acerca do mundo natural. Em anos posteriores, ela sempre mantinha um exemplar do livro de Jefferies em sua mesa de cabeceira. O título do primeiro livro de Carson vem de uma das passagens que ela mais apreciava em *The Pageant of Summer*: "Não só o vento, passando sobre o mar, extrai de cada onda uma porção invisível e traz para os seres da zona costeira a etérea essência do oceano, mas também o ar faz isso, ao pairar entre os bosques e sebes – verdes ondas e salgueiros – plenos de finos átomos de verão."

Em seu esforço para tornar realidade o mar e a vida marinha, Carson pede que o leitor não só exercite a imaginação sobre o que significa ser uma criatura do ar ou do mar, mas também que abandone a escala humana de tempo. "O tempo medido pelo relógio ou pelo calendário nada significa caso você seja uma ave costeira ou um peixe", escreve Carson no "Prefácio", "no entanto, a sucessão de luz e trevas e o sobe e desce das marés representam a diferença entre a hora de comer e a de se abster, entre o momento em que o inimigo pode achá-lo com facilidade e o período em que você está relativamente seguro. Nós não conseguimos usufruir todo o sabor da vida marinha – não podemos nos transformar e nos projetar em sua dimensão –, a menos que façamos ajustes em nossa forma de pensar." Era um desafio que a maioria dos leitores estava disposta a aceitar. Mas uma segunda renúncia ao pensamento racional era mais difícil.

Para fazer que um peixe, um camarão, uma água-viva ou um pássaro assumisse uma realidade mais próxima à dos leitores, Carson atribuiu a suas criaturas expressões e traços humanos que não seriam aceitos na maior parte dos textos de literatura científica. Ela arriscou aproximar-se do antropomorfismo, mas nunca de maneira integral. Estava segura de que, se utilizasse termos que se aproximassem dos estados psicológicos humanos, o comportamento da criatura seria compreensível aos leitores. Ela diz: "Escrevi, por exemplo, sobre um peixe que 'tinha medo' de seus inimigos, não porque acho que um peixe tenha a mesma sensação de temor que nós sentimos, mas porque penso que ele *se comporta como se estivesse apavorado*.". Era um risco literário, mas, nas mãos hábeis de Carson, não há dissonância na transferência do atributo humano para o animal. O salto é feito de forma imperceptível.

Sob o mar-vento foi publicado em 1º de novembro de 1941 e vendido a três dólares por exemplar. A capa era num tom azul-escuro e opaco, letras em bege, com o desenho feito por Frech, de duas gaivotas voando sobre uma duna ao longo da costa. Carson deu o primeiro exemplar a sua mãe, que chorou ao ler a dedicatória simples e objetiva: "Para minha mãe". O segundo exemplar foi para Elmer Higgins, com a inscrição: "Para o senhor Higgins, que começou tudo isto". A sobrecapa não trazia nenhuma foto da autora, mas incluía um farto parágrafo sobre sua formação e experiência científica.

O *Scientific Book Club* adotou *Sob o mar-vento* como livro selecionado de dezembro. Seus revisores estabeleceram o tom das críticas, elogiando a profundidade da informação sobre a vida marinha, comentando que "aqui há poesia, mas não falso sentimentalismo". Outros críticos disseram que parecia uma leitura de ficção, mas era na verdade um relato cientificamente acurado da vida no mar e ao longo da costa. Carson ficou especialmente satisfeita com a opinião de outros cientistas e naturalistas, inclusive a de alguns dos mais proeminentes biólogos ligados à atividade pesqueira da época, que geralmente tinham pouca paciência com a popularização científica. William Beebe destacou a beleza lírica e o impecável conteúdo científico do livro em *The Saturday Review of Literature*. Além disso, Beebe posteriormente incluiu dois capítulos de *Sob o mar-vento* em sua antologia das melhores obras sobre história natural, que começava com Aristóteles e terminava com Carson. No entanto, a melhor crítica, a que definitivamente representou o ápice para Carson, não apareceu antes de 1952. Foi escrita por Henry Beston, autor de *The Outermost House* (*A casa mais afastada*), livro que Carson considerava uma das maiores obras de história natural da costa marinha de todos os tempos.

Não obstante a certeza que ela tinha da receptividade popular, após avaliações críticas tão entusiastas, as esperanças de Carson foram destruídas pelos eventos mundiais. Embora tenha submetido o livro a várias organizações que concediam prêmios, ela acabou sendo privada do sucesso comercial com o qual contava. Pouco mais de um mês após a publicação, o Japão atacou a base naval de Pearl Harbor, em dezembro de 1941. Os preparativos para a entrada dos Estados Unidos na Segunda Guerra Mundial dominavam os noticiários, obscurecendo todo o resto. Carson mais tarde se lembraria, com humor ácido, de como se decepcionara com o resultado de sua primeira investida comercial. "O mundo recebeu o fato", dizia ela, "com soberba indiferença. A corrida para as livrarias, que é o sonho de qualquer autor, nunca se materializou." Mal haviam chegado a dois mil os exemplares de *Sob o mar-vento* vendidos até agosto de 1946, quando a Simon & Schuster optou por tirá-lo de catálogo. Os direitos autorais de Carson, incluindo autorizações para uso de excertos em outras publicações, além de uma edição alemã, não alcançaram mil dólares. Carson voltou toda atenção ao seu emprego público no U. S. Fish and Wildlife Service. Não é de admirar que ela tenha aconselhado um amigo a tentar escrever artigos para revistas: "Exceto nos raros milagres em que um livro se torna *best-seller*, estou convicta de que, financeiramente, escrever livros é uma péssima aposta.".

Uma década depois da publicação de *Sob o mar-vento*, Carson novamente seguiu seus próprios critérios para compor outro *best-seller* sobre o mar. Desta vez, não havia evento mundial para eclipsar sua publicação: *O mar que nos cerca* (1951) bateu recordes editoriais, tornando Carson a maior autoridade em ciência perante a opinião pública norte-americana e arrebanhando atenção internacional. O sucesso financeiro de Carson deu-lhe a possibilidade de comprar de volta os direitos de publicação de seu primeiro livro e dos negativos das gravuras das belas ilustrações de Howard Frech, que estavam mofando num depósito. O sucesso de crítica de *O mar que nos cerca* estimulou a editora, a Oxford University Press, a reeditar *Sob o mar-vento* em 13 de abril de 1952, quando a aclamação pública de Carson estava no auge. Embora a nova edição tivesse formato menor e não trouxesse os desenhos de Frech, o Clube do Livro do Mês escolheu-o como livro selecionado alternativo em junho de 1952, e a revista *Life* publicou toda a Parte I, com notáveis ilustrações de um dos artistas de sua equipe. Cerca de quarenta mil exemplares de *Sob o mar-vento* foram vendidos antes mesmo de sua publicação.

O jornal *The New York Times* comentou que um sucesso de público de tal magnitude é "tão raro quanto um eclipse total do sol". *Sob o mar-vento* aparecia em décimo lugar na lista dos mais vendidos, enquanto *O mar que nos cerca* oscilava entre o primeiro e o segundo lugar. Não só Carson se sentia recompensada pela recepção popular a um de seus livros antes ignorados, como também experimentava certo prazer em ver como os críticos literários agora se mostravam efusivos quanto àquilo que um dia haviam menosprezado. "Uma ou duas vezes numa geração o mundo recebe um cientista com gênio literário", escreveu entusiasticamente o crítico do *Times*, "[...] a senhorita Carson escreveu um clássico em *O mar que nos cerca*. *Sob o mar-vento* pode vir a ser outro.".

Os leitores modernos compreenderão um elogio tão extraordinário. O grau de novidade que Carson empresta ao relato dos ciclos das estações e da luta de cada criatura pela sobrevivência marca, de certa forma, *Sob o mar-vento* como seu livro mais bem-sucedido. Sua voz é carregada tanto de poesia quanto de ciência; Carson é uma escritora apaixonada pelo fascínio diante da natureza que ela descobre e deseja compartilhar. As passagens mais comoventes de *Sob o mar-vento* provêm de sua própria experiência. "Ficar à beira-mar, observar o descenso e a ascensão das marés, sentir o sopro da névoa movendo-se sobre um grande charco salgado, contemplar o voo das aves costeiras, que vêm esquadrinhando a orla de um lado para outro há incontáveis milhões de anos [...] é como adquirir a percepção de coisas que são quase tão eternas quanto qualquer forma de vida terrestre. Tudo já existia antes de o ser humano postar-se na orla do oceano e, fascinado, olhar para elas. Tudo isso se mantém, ano após ano, ao longo de séculos e eras, enquanto reinos se erguem e desmoronam." É essa reafirmação da vida que as palavras de Rachel Carson ainda evocam – o tranquilizador sentimento de continuidade que experimentamos ao observar uma eterna, abundante e persistente corrente de vida seguindo adiante – um fluxo de vida no qual a morte é apenas um incidente. A partir da percepção de Carson, também nós podemos extrair esperança dessa possibilidade.

Linda Lear
Bethesda, Maryland
Fevereiro de 2007

SOB O MAR-VENTO

Prefácio

Enquanto houver sol e chuva, tudo isto há de existir;
Até que o último alento de brisa sopre sobre tudo isto,
Rolará o mar.
Swinburne[1]

SOB O MAR-VENTO foi escrito com a finalidade de tornar o mar e a vida marinha uma realidade tão vívida para aqueles que venham a ler o livro quanto se tornou para mim durante a última década.

Além disso, esta obra foi escrita a partir da profunda convicção de que a vida no mar merece ser conhecida. Ficar à beira-mar, observar o descenso e a ascensão das marés, sentir o sopro da névoa movendo-se sobre um grande charco salgado, contemplar o voo das aves costeiras, que vêm esquadrinhando a orla de um lado para outro há incontáveis milhões de anos, e ver a disparada das enguias e dos jovens sáveis[2] em direção ao mar é como adquirir a percepção de coisas que são quase tão eternas quanto qualquer forma de vida terrestre. Essas coisas já existiam antes de o ser humano postar-se na orla do oceano e, fascinado, admirá-las. Tudo isso se mantém, ano após ano, ao longo de séculos e eras, enquanto reinos se erguem e desmoronam.

Ao planejar o livro, desde o início fui confrontada com o problema da definição de um personagem central. Logo ficou evidente que não havia um animal único – pássaro, peixe, mamífero ou qualquer outra criatura marinha de menor porte – que pudesse viver em todas as partes distintas do mar que eu me propunha descrever. Essa questão, porém, foi imediatamente resolvida quando me

----
1 SWINBURNE, Algernon Charles. "The Forsaken Garden". In: *Poems and ballads*. Second series. London: Chatto and Windus, 1878. 240p. (Trad. livre). (NE)
2 Peixe clupeídeo do gênero *Alosa*. (NT)

dei conta de que o próprio mar deveria ser o personagem central, quisesse eu ou não; isso porque a concepção do oceano como soberano sobre a vida e a morte de cada uma de suas criaturas, da menor até a maior, inevitavelmente permearia cada página.

Sob o mar-vento é uma série de narrativas descritivas que revelam sucessivamente a vida na costa, no mar aberto e no fundo do oceano. Considerando que, no livro, o leitor é um observador de fatos narrados com pouco ou nenhum comentário, talvez sejam necessárias algumas "notas explicativas".

No Livro 1 ("Beira-mar"), recriei a vida observada numa faixa costeira da Carolina do Norte – um lugar de sons tranquilos e dunas de areia migrantes, onde cresce a aveia-do-mar, e que contém grandes pântanos salgados, além de uma intocada praia oceânica. Começo com a primavera, quando os talha-mares retornam do sul, os sáveis migram rio adentro (vindos do mar) e a grande migração primaveril das aves costeiras está no auge. Ver um maçarico correndo e buscando alimento na zona de arrebentação das ondas, durante a primavera, é ter o vislumbre de um migrante prestes a uma aventura tão notável que dediquei todo um capítulo à saga de verão das aves costeiras das tundras árticas. Então, retornamos com as aves para a região dos canais da Carolina no final do verão; ali, lemos em todos os movimentos dos pássaros, peixes, camarões e outras criaturas aquáticas o registro das estações em mudança.

O Livro 2 ("O caminho da gaivota") é um retrato paralelo do mesmo período de tempo no mar aberto. Porém, aqui o ciclo das estações assume uma forma diversa. A vida no mar aberto – quilômetros além de qualquer terra visível – é variada, estranhamente bela e totalmente desconhecida de quase todos nós, exceto uns poucos privilegiados. O Livro 2 é a história de um verdadeiro navegador, a cavala. Começa com seu nascimento, nos grandes viveiros oceânicos de águas superficiais; depois, passa por todas as vicissitudes do início da vida em meio à multidão de seres planctônicos à deriva; em seguida, vem a juventude numa enseada na Nova Inglaterra; então, culmina com a integração a um cardume errante de cavalas, sujeitas à predação por aves, por peixes maiores e pelo próprio ser humano.

Para o Livro 3 ("Rio e mar") restava o fundo do mar ligeiramente em declive, que forma a borda ou plataforma do continente, a encosta íngreme dos taludes continentais e, por fim, o mar profundo – a região abissal. Felizmente, existe uma criatura cuja vida abarca tudo isso, numa história sem paralelo nos anais do mar e da terra. Essa criatura é a enguia. No entanto, para retratar a plena vida desse notável animal, tivemos que começar nos distantes afluentes de um rio costeiro (onde as enguias passam a maior parte da vida adulta) e rastrear sua migração de desova rumo ao mar, no outono. Nessa época, outros peixes também nadam para fora das baías e canais, mas apenas a uma distância suficiente para encontrar águas de temperatura amena onde possam passar o inverno. Porém, as enguias vão adiante, até um abismo profundo perto do Mar de Sargaços, onde desovam e morrem. Desse estranho mundo de profundezas marinhas, as enguias jovens retornam sozinhas aos rios costeiros, a cada primavera.

Para se ter a sensação de como é a existência de uma criatura do mar, é necessário o exercício ativo da imaginação e o abandono temporário de muitos conceitos e referenciais humanos. Por exemplo, o tempo medido pelo relógio ou pelo calendário nada significa caso você seja uma ave costeira ou um peixe; no entanto, a sucessão de luz e escuridão e o sobe e desce das marés representam a diferença entre a hora de comer e a de se abster, entre o momento em que o inimigo pode achá-lo com facilidade e aquele em que você está relativamente seguro. Nós não conseguimos usufruir todo o sabor da vida marinha – não podemos nos transformar nem nos projetar em sua dimensão – a menos que façamos ajustes em nossa forma de pensar.

Por outro lado, não devemos nos afastar muito da analogia com a conduta humana se quisermos que um peixe, um camarão, uma água-viva ou uma ave seja para nós uma criatura concreta – tão real como o animal vivo que de fato é. Por esse motivo, deliberadamente utilizei certas expressões que seriam rejeitadas na literatura científica formal. Escrevi, por exemplo, sobre um peixe que "tinha medo" de seus inimigos, não porque acredito que um peixe tenha a mesma sensação de temor que nós sentimos, mas porque penso que ele *se comporta como se estivesse apavorado*. Com o peixe, a resposta é essencialmente física; conosco, basicamente psicológica. Contudo, se quisermos que o comportamento do peixe nos seja compreensível, precisamos descrevê-lo com uma linguagem que se enquadre adequadamente nos estados psicológicos humanos.

Ao escolher nomes para os animais, segui o plano de usar, sempre que possível, o nome científico para o gênero ao qual pertence. Quando o nome era complicado demais, eu o substituí por algo que descreve a aparência da criatura ou, no caso de alguns animais do Ártico, utilizei nomes esquimós.

Foi incluído um glossário no fim do livro, para apresentar plantas e animais marinhos pouco conhecidos ou renovar a familiaridade do leitor com os seres que ele já conhece.

Pessoa alguma, nem ao longo de toda a vida, poderia, por meio de experiência pessoal, adquirir familiaridade com cada fase do mar e com a vida ali abrigada. A fim de suplementar minha própria experiência, recorri amplamente à literatura científica e semipopular em busca de fatos básicos, aos quais acrescentei minha própria interpretação ao introduzi-los na trama da história. Relacionar todas as fontes às quais recorri seria impossível, mas seguem alguns exemplos relevantes: a incomparável série de Arthur Cleveland Bent, com treze volumes sobre a vida das aves da América do Norte; *Fishes of the Gulf of Maine* e *Plankton of the Gulf of Maine*, de Henry B. Bigelow, além de vários artigos de sua autoria em publicações científicas sobre a exploração de águas costeiras do Maine até o cabo Hatteras; os monumentais artigos de Johannes Schmidt sobre a vida da enguia; *Exploration of Southampton Island*, de George M. Sutton; manuscritos inéditos de O. E. Sette sobre a vida da cavala; e a bíblia da oceanografia, *The Depths of the Ocean*, de Sir John Murray e Johan Hjort.

Além dessas fontes impressas, beneficiei-me do contato com várias pessoas que colocaram à minha disposição grandes doses de sua rica experiência com a vida marinha. Entre as que devo mencionar, a primeira é Elmer Higgins: sem seu interesse, incentivo e assistência, talvez este livro jamais fosse escrito. Entre outros que responderam às minhas perguntas de forma paciente e proveitosa estão Robert A. Nesbit, William C. Neville, John C. Pearson e Edward Bailey.

LIVRO 1
BEIRA-MAR

1. Maré cheia

A ILHA ESTAVA MERGULHADA em sombras pouco mais profundas do que as que se esgueiravam rapidamente através do canal, vindas do leste. No lado ocidental, a areia úmida da estreita praia refletia as mesmas nuances do céu, que brilhava palidamente, estendendo uma faixa clara da orla da ilha até o horizonte. Tanto a água quanto a areia tinham cor de aço recoberto por um filme prateado, de modo que era difícil dizer onde terminava a água e começava a terra firme.

Embora fosse uma ilha pequena – a ponto de uma gaivota poder atravessá-la com duas dezenas de batidas de asas –, a noite já havia chegado aos seus limites setentrional e oriental. Ali, as gramíneas dos charcos apareciam atrevidamente, alçando-se das águas escuras, enquanto as sombras pousavam espessas entre os baixos cedros e as plantas de apalachina.

Com a penumbra, uma estranha ave chegou à ilha; o animal vinha dos bancos de areia distantes da costa, onde sua espécie fazia ninhos. As asas eram de um negro imaculado; de uma extremidade a outra, sua envergadura era maior do que o comprimento de um braço humano. Voava suavemente e sem pressa ao longo do canal. O avanço parecia determinado pelas sombras que pouco a pouco encobriam a faixa de água clara. A ave era Rynchops, o talha-mar.

Ao se aproximar da praia, o talha-mar seguiu em direção à água, o que converteu sua forma escura numa acentuada silhueta contra o fundo cinza, semelhante à sombra de um grande pássaro que passa no alto sem ser notado. No entanto, sua aproximação foi tão silenciosa que o som de suas asas, se é que havia

1. Maré cheia

som, perdeu-se em meio à canção sussurrada pela água que passava sobre as conchas na areia úmida.

Na última subida da maré, quando o delgado contorno da lua nova trouxe a água revolta até as aveias-do-mar que margeavam as dunas dos bancos de areia, aquela ave, acompanhada de seu clã, havia chegado à faixa arenosa mais externa, que servia de barreira entre o canal e o mar aberto. Haviam viajado rumo ao norte, partindo da costa de Iucatã, onde passaram o inverno. Sob o morno sol de junho, poriam seus ovos e chocariam seus filhotes de coloração amarelada nas ilhotas de areia do canal e em suas praias externas. Mas, de início, esgotados após o longo voo, descansavam durante o dia sobre os bancos de areia quando a maré estava baixa, ou perambulavam sobre o canal e seus pântanos limítrofes durante a noite.

Antes de a lua voltar a ficar cheia, Rynchops se lembraria da ilha. Ela ficava perto de um tranquilo canal, cujas margens elevadas serviam de escudo contra os golpes das grandes ondas provenientes do Atlântico Sul. Ao norte, a ilha era separada do continente por um profundo sulco, no interior do qual as águas da maré baixa formavam uma forte corrente. No lado sul, a praia ascendia numa suave inclinação, de modo que, durante o período de águas calmas, os pescadores podiam avançar mais de 800 metros em direção ao mar (sem que a água lhes chegasse às axilas), ocasião em que juntavam vieiras ou arrastavam suas longas redes. Nessas águas rasas, pululavam jovens peixes que se alimentavam de pequenas presas aquáticas, enquanto camarões nadavam movimentando a cauda para trás. À noite, a rica vida nesse local trazia os talha-mares de seus sítios de paragem nos bancos de areia. Enquanto se alimentavam, eles voavam graciosamente logo acima da superfície das águas.

Quando chegou o crepúsculo, a maré tinha baixado; entretanto, agora subia novamente, cobrindo os sítios de repouso vespertino dos talha-mares. As águas moviam-se através da enseada, fluindo para dentro dos charcos. Durante a maior parte da noite, os talha-mares deslizaram suas asas esguias sobre a superfície aquática, em busca de pequenos peixes trazidos com a maré, que os levou para uma região de águas rasas coberta por gramíneas. Por se alimentarem durante a maré alta, os talha-mares eram chamados de "gaivotas-das-cheias".

Na praia meridional da ilha, onde as águas que corriam sobre a superfície suavemente ondulada não chegavam a um palmo de profundidade, o talha-mar começou a circular e a aproximar-se da superfície. Voava com um movimento curioso, cadenciado, baixando as asas e depois erguendo-as bem alto. A cabeça ficava fortemente curvada, de modo que a parte inferior do bico, com a forma de uma lâmina de tesoura, cortava a água.

A lâmina (que justifica o apelido da ave: "corta-água") abriu um minúsculo sulco sobre a plácida superfície do canal, originando diminutas ondas e vibrações que reverberavam na água e recebiam resposta do fundo arenoso. As mensagens das ondas eram captadas por blênios e pequenos peixes coloridos que percorriam as águas rasas em busca de alimento. No mundo dos peixes, muitas coisas são ditas por ondas sonoras. Às vezes, as vibrações indicam a proximidade de alimentos de origem animal, como pequenos camarões ou copépodes movendo-se em enxames logo acima. Por isso, com a passagem do talha-mar, os pequenos peixes vieram xeretar a superfície, curiosos e famintos. A ave, movendo-se em círculos, voltou pelo caminho por onde viera e, abrindo e fechando rapidamente a parte superior do bico, apanhou três peixinhos.

Ha-a-a-a! – gritou o talha-mar.

Ha-a-a-a! Ha-a-a-a! Ha-a-a-a! – sua voz era áspera e penetrante, propagando-se ao longo da água; dos charcos chegavam, como ecos, os gritos de resposta de outros talha-mares.

Enquanto a água avançava centímetro após centímetro sobre a costa arenosa, o talha-mar movimentava-se de um lado para outro na praia meridional da ilha, atraindo os peixes para a superfície ao longo de seu trajeto e capturando-os na volta. Após apanhar pequenos peixes em quantidade suficiente para aplacar-lhe a fome, subiu em círculos com meia dúzia de batidas de asas e rodeou a ilha. Quando ele voava sobre a extremidade oriental coberta de pântanos, cardumes de peixes miúdos moviam-se lá embaixo, nas florestas de gramíneas dos charcos; ali, eles estavam a salvo de seu caçador, cuja envergadura era ampla demais para permitir que se movesse entre as touceiras de gramíneas.

A ave fez uma rápida mudança de trajetória, rodeando o ancoradouro construído pelos pescadores que viviam na ilha, atravessou o pequeno canal e balançou as asas acima dos pântanos salgados, aproveitando o prazer dos movimentos do voo e da flutuação. Ali, uniu-se a um grupo de outros talha-mares; juntos, eles sobrevoaram os pântanos em longas filas e colunas, às vezes parecendo escuras sombras no céu noturno. Em outras ocasiões, voavam em círculos e exibiam seus peitos brancos e cintilantes, o que os tornava semelhantes a personagens de histórias fantásticas. Ao voarem, erguiam as vozes num estranho coro noturno, uma mistura esquisita de notas graves e agudas, às vezes suave como o arrulho de um pombo lamuriante, mas, logo em seguida, áspero como o crocitar de um corvo. O coro inteiro subia e descia, primeiro elevando o som num ritmo cadente e depois esvanecendo no ar tranquilo, como o ladrar grave e longínquo de uma matilha.

As gaivotas-das-cheias rodearam a ilha e cruzaram várias vezes as planícies até o extremo sul. Durante todo o tempo da maré cheia, elas caçariam em bandos

1. Maré cheia

sobre as águas tranquilas do canal. Os talha-mares adoravam noites escuras; nessa noite, grossas nuvens se interpunham entre a água e a luz da lua.

Na praia, a água movia-se com suaves murmúrios, passando entre amontoados de conchas de vieiras e de mariscos *Anomia*. Ela corria rápida sob punhados de alfaces-do-mar, despertando as pulgas-da-areia que ali tinham buscado refúgio quando a maré se esvaziara, durante a tarde. As pulgas eram apanhadas e levadas de volta ao mar pelas águas das pequenas ondas; elas nadavam de costas, com as pernas erguidas ao máximo. Na água, estavam relativamente protegidas de seus inimigos, os caranguejos-fantasmas (ou marias-farinhas), que percorriam as praias noturnas com pernas ágeis e silenciosas.

Nas águas que banhavam a ilha naquela noite, além dos talha-mares, muitas criaturas estavam à cata de alimento no mar raso. À medida que a escuridão crescia e a maré avançava mais e mais, cobrindo os pântanos povoados por gramíneas, duas tartarugas *Malaclemys* deslizaram para dentro da água, juntando-se a outros seres de sua espécie que vagavam de um lado para outro. Eram fêmeas que tinham acabado de desovar acima da linha da maré alta. Haviam cavado ninhos na areia macia, usando os pés traseiros para abrir cavidades em forma de jarro, menos profundas que o comprimento de seus corpos. Em seguida, uma delas depositou cinco ovos; a outra, oito. Cobriram os ovos cuidadosamente com areia, arrastando-se para a frente e para trás; desse modo, conseguiam ocultar a localização exata do ninho. Havia outros ninhos na areia, mas nenhum deles estava ali há mais de duas semanas, pois maio é o início da estação de desova para as tartarugas *Malaclemys*.

Ao perseguir pequenos peixes protegidos entre a folhagem dos brejos, o talha-mar viu as duas tartarugas nadando nas águas rasas da maré que se movia rapidamente. As tartarugas reviravam a relva pantanosa, apanhando pequenos caracóis espiralados que tinham subido até as lâminas das folhas. Às vezes, elas mergulhavam para capturar camarões no fundo arenoso. Uma delas passou entre algo que se parecia com duas hastes verticais fincadas na areia. Eram as pernas da grande e solitária garça-azul que voava toda noite, saindo de seu viveiro distante 5 quilômetros dali, para pescar na ilha.

A garça manteve-se imóvel, com o pescoço curvado para trás e o bico preparado para capturar qualquer peixe que passasse rápido entre suas pernas. Ao ir mais fundo na água, a tartaruga assustou uma jovem tainha, fazendo-a disparar rumo à praia, em pânico e confusão. Os olhos aguçados da garça captaram o movimento e, com uma rápida arremetida, ela segurou o peixe transversalmente; então, arremessou-o para cima, pegou-o pela cabeça e o engoliu. Até aquele instante, naquela noite, ela só havia conseguido peixes miúdos.

A maré estava quase a meia distância do amontoado de refugos marinhos, pedaços de pau, garras secas de caranguejos e fragmentos de conchas que assinalavam o nível da maré alta. Acima da linha da maré, havia tênues agitações na areia, nos locais onde as tartarugas desovaram. As tartaruguinhas que nasceriam naquela estação não eclodiriam antes de agosto; porém, muitas que nasceram no ano anterior permaneciam enterradas na areia, ainda adormecidas no torpor da hibernação. Durante o inverno, as tartaruguinhas viveram dos resíduos da gema que restara de sua vida embrionária. Muitas morreram, pois o inverno tinha sido longo e a geada afetara profundamente a areia. As que sobreviveram estavam fracas e magras; seus corpos, tão contraídos no interior da casca, se mostravam menores do que quando eclodiram. Agora, moviam-se debilmente sobre a areia, onde as velhas tartarugas depositavam os ovos de uma nova geração de filhotes.

À meia-maré, entre a vazante e a alta, um frêmito agitou a parte superior das gramíneas acima do leito de desova das tartarugas, como se passasse por ali uma brisa. No entanto, quase não ventava naquela noite. A relva que cobria o leito de areia repartiu-se. Um rato, com habilidade adquirida ao longo de anos e possuído pelo gosto de sangue, tomara o caminho da água por uma via que suas patas e sua grossa cauda haviam convertido numa trilha macia em meio às gramíneas. Ele vivia com sua parceira, e outros da sua espécie, debaixo de um velho galpão onde os pescadores guardavam suas redes. O grupo de ratos vivia bem, pois se alimentava não apenas dos ovos das numerosas aves que faziam seus ninhos na ilha, mas também dos filhotes dessas aves.

Quando o rato espiou por entre as gramíneas que delimitavam os ninhos das tartarugas, a garça ergueu-se da água com um forte bater de asas e voou cruzando a ilha rumo à costa norte. Ela tinha visto dois pescadores num pequeno bote que margeava a ponta ocidental da ilha. Os pescadores arpoavam linguados, espetando-os no fundo do charco de águas rasas, à luz de um lampião aceso na proa. Um clarão amarelo movia-se sobre a água escura à frente do barco, enviando feixes de luz trêmula através das pequenas ondas que, com a passagem da embarcação, se encrespavam em direção à costa. Dois pontos gêmeos de luz verde reluziram na relva acima do leito arenoso; eles permaneceram parados até que o barco contornasse o sul da costa e se dirigisse para as docas da cidade. Só então o rato deslizou por sua trilha em direção à areia.

O odor das tartarugas *Malaclemys* e de seus ovos depositados recentemente inundava o ar. Farejando e guinchando entusiasmado, o rato começou a cavar e, em poucos minutos, descobriu um ovo, rompeu-lhe a casca e sugou-lhe a gema.

1. Maré cheia

Logo em seguida, descobriu mais dois, e os teria devorado se não tivesse ouvido um movimento numa touceira próxima: uma jovem tartaruga debatia-se, lutando para escapar da água que passava pelo amontoado de lama e raízes emaranhadas. Uma forma escura cruzou a areia e moveu-se pelo regato. O rato agarrou a tartaruguinha e carregou-a nos dentes pelo charco de gramíneas, até chegar a uma elevação do solo. Compenetrado em remover com os dentes a fina casca da tartaruga, não percebeu que a maré subia e a água ficava cada vez mais volumosa em torno da elevação onde ele estava. Foi então que a garça-azul, novamente voando pela costa da ilha, investiu contra o rato e o arpoou com o bico.

Naquela noite ouviam-se poucos sons, com exceção dos barulhos da água e das aves aquáticas. O vento estava adormecido. Do lado da enseada, vinha o ruído de ondas chocando-se contra o quebra-mar; a voz distante do oceano se reduzira a quase um suspiro, uma espécie de expiração rítmica, como se o mar – também ele – estivesse dormindo fora dos portais do canal.

Seria preciso o mais aguçado ouvido para captar o som de um caranguejo-eremita (ou caranguejo-ermitão) carregando sua concha-moradia ao longo da praia, um pouco acima da linha da água, arrastando as pernas na areia e batendo a concha contra a de outros de sua espécie. Também não seria fácil ouvir o esguicho de minúsculas gotas-d'água provocado por um camarão que, perseguido por um cardume de peixes, saltava para fora. Essas eram as vozes não ouvidas na noite insular, nas águas e em sua orla.

Os sons terrestres eram poucos. Havia um tênue tremular de insetos: o prelúdio primaveril aos incessantes "violinos" dos quítons que, mais tarde naquela estação, saudariam a noite. Havia o murmúrio de gralhas e sabiás que dormiam nos cedros; vez ou outra, aves sonolentas gorjeavam reciprocamente. Por volta da meia-noite, um sabiá cantou por quase um quarto de hora, imitando os cantos de todos os pássaros que ouvira naquele dia e acrescentando seus próprios trinados, chilreios e assobios. Então, ele também acabou cedendo e novamente deixou a noite à mercê da água e seus sons.

Naquela noite, havia muitos peixes movimentando-se nas profundezas do canal. Eram peixes barrigudos, de nadadeiras macias e grandes escamas prateadas. Tratava-se de uma geração da desova de sáveis, que há pouco chegara do mar. Durante dias, eles haviam permanecido fora da linha de arrebentação, além da enseada. Nessa noite, com a vinda da maré cheia, haviam passado pelas boias tilintantes que orientavam os pescadores em seu retorno do mar aberto, e percorrido a enseada; agora, cruzavam o estreito por meio do canal.

À medida que a noite ficava mais escura e a maré subia, invadindo os pântanos e avançando pelo estuário, os peixes prateados apressavam seus movimentos, sondando o caminho ao longo das correntes de água menos salinas que lhes serviam de trilha para o rio. O estuário era largo e calmo, ocupando pouco mais do que um braço do canal. Suas margens eram charcos salobros; bem mais acima, seguindo o curso sinuoso do rio, as marés pulsantes e o odor penetrante da água denunciavam a presença do mar.

Alguns dos sáveis migradores tinham três anos de idade e vinham desovar pela primeira vez. Uns poucos eram um ano mais velhos e faziam a segunda viagem para as áreas de desova rio acima. Eles conheciam melhor o rio e o estranho cruzar de sombras que às vezes se via ali.

Os sáveis mais jovens tinham apenas uma vaga memória do rio, se é que podemos chamar de "memória" a resposta acentuada dos sentidos à medida que as delicadas guelras e as sensíveis linhas laterais experimentavam a redução da salinidade aquática e a mudança nos ritmos e vibrações das águas no interior da ilha. Três anos antes, eles haviam deixado o rio, descendo a correnteza até o estuário; na época, eram pouco mais longos que um dedo humano e saíram para o mar com a chegada do frio outonal. Esquecido o rio, perambularam amplamente pelo mar, alimentando-se de camarões e anfípodes. Viajaram para tantas direções e a locais tão distantes que seria impossível rastrear seus movimentos. Talvez tivessem passado o inverno em águas mornas muito abaixo da superfície, descansando no sombrio lusco-fusco da costa continental, fazendo uma tímida jornada ocasional para o mar mais distante da orla, onde imperam apenas as trevas e a mansidão do mar profundo. Possivelmente passaram o verão no mar aberto, alimentando-se da rica vida da superfície, acumulando camadas de músculos brancos e gordura adocicada sob a reluzente armadura de escamas.

Enquanto a Terra se movia três vezes pelo círculo do zodíaco, os sáveis perambularam pelas vias marítimas conhecidas e percorridas apenas por peixes. No terceiro ano, à medida que as águas do mar aos poucos se amornavam, com o sol movendo-se em direção ao sul, esses peixes cederam aos apelos instintivos de sua espécie e retornaram aos locais de desova onde nasceram.

Os peixes que agora chegavam eram, em sua maioria, fêmeas pesadas, ainda com ovas por liberar. A estação já estava adiantada e os cardumes de peixes maiores já tinham partido. Muitas ovas, e também os machos que primeiro entravam pelo rio, já estavam nas áreas de desova. Alguns dos peixes do início da temporada haviam avançado até 150 quilômetros rio acima, onde esse começava a perder os contornos nos escuros pântanos de ciprestes.

1. Maré cheia

Cada fêmea desovaria mais de cem mil ovos durante a estação. Desses, talvez um ou dois peixinhos sobrevivessem aos perigos do rio e do mar, conseguindo retornar quando adultos, para fazer a sua própria desova. É com essa impiedosa seleção que as espécies são mantidas sob constante desafio e controle.

O pescador que vivia na ilha havia saído por volta do anoitecer para lançar suas redes de emalhar, juntamente com um amigo que morava numa cidade próxima. Eles tinham fixado uma grande rede, quase em ângulos retos, na margem oeste do rio, estendendo-a bem na direção da corrente. Todos os pescadores locais aprenderam com os pais – que por sua vez tinham aprendido com seus pais – que os sáveis vindos do canal geralmente davam de encontro com a margem ocidental do rio quando chegavam à parte rasa do estuário, onde não havia canal aberto. Por esse motivo, a margem ocidental estava repleta de equipamentos de pesca fixos, tais como currais de peixe. Por seu turno, os pescadores que manuseavam equipamentos móveis competiam arduamente pelos poucos locais restantes para lançar suas redes.

Pouco acima do local onde a rede de emalhar havia sido fixada naquela noite, ficava a longa guia de um curral de peixe preso por estacas fincadas no fundo macio do mar. No ano anterior, havia ocorrido uma briga na qual os pescadores que eram donos de currais flagraram pescadores de redes de emalhar pegando uma boa quantidade de seus peixes. Os que usavam redes de emalhar tinham redirecionado os currais diretamente rio abaixo, liberando assim a maior parte dos peixes e pegando-os em seguida com suas redes; esses pescadores eram em menor número e, até o fim da estação, tiveram de pescar em outra parte do estuário. O rendimento de sua pesca foi muito ruim, motivo pelo qual estavam agora amaldiçoando os donos de currais. Naquele ano, decidiram montar as redes ao anoitecer e voltar para recolher os peixes ao raiar do dia. Os pescadores concorrentes não examinavam as redes dos currais antes do amanhecer; nesse horário, os outros já retornavam descendo o rio, com as redes dentro dos barcos, nada havendo para provar onde tinham pescado.

Por volta da meia-noite, com a maré praticamente cheia, a linha de boias de cortiça foi sacudida quando os primeiros sáveis migrantes deram de encontro com a rede de emalhar. A corda vibrou e várias boias submergiram na água. Um sável, uma fêmea de dois quilos em fase de desova, tinha enfiado a cabeça por uma das malhas da rede e debatia-se para se libertar. O círculo de corda esticada, que havia deslizado por baixo da camada de guelras superficiais, penetrava mais fundo nos delicados filamentos cada vez que o peixe investia contra a rede. O animal voltou a debater-se, buscando se livrar de algo que parecia um colarinho ardente, sufocante, que o mantinha num laço invisível, sem permitir que prosseguisse corrente acima nem que retornasse e buscasse refúgio no mar que ficara para trás.

A linha de cortiça foi sacudida várias vezes naquela noite, e muitos peixes foram apanhados. A maioria morreu lentamente por asfixia, pois a corda interferia nos movimentos respiratórios das guelras, por meio dos quais o peixe suga fluxos de água pela boca e os expele pelas brânquias. Uma vez, a linha balançou fortemente e durante dez minutos foi puxada para baixo da superfície. Foi quando um mergulhão que nadava rapidamente em perseguição a um peixe, 1,5 metro abaixo d'água, ficou preso na rede. Numa desesperada luta, debatendo-se com as asas e os pés providos de nadadeiras, a ave acabou ficando irremediavelmente emaranhada. O mergulhão afogou-se em pouco tempo. Da rede, seu corpo pendia sem vida, junto com duas dezenas de peixes prateados, cujas cabeças apontavam rio acima, na direção das áreas de desova, onde os sáveis que os precederam na jornada aguardavam sua chegada.

No momento em que os primeiros sáveis foram capturados pela rede, as enguias que viviam no estuário souberam que um banquete estava sendo servido. Desde o anoitecer, elas tinham deslizado com movimentos sinuosos ao longo das margens, enfiando os focinhos em buracos de caranguejos, apoderando-se de tudo o que conseguiam pegar pelo caminho entre as pequenas criaturas marinhas. Em parte, as enguias viviam do produto de seu próprio trabalho, mas sempre que podiam também pilhavam as redes de emalhar.

Quase sem exceção, as enguias do estuário eram machos. Quando os jovens chegam do mar, onde nascem, as fêmeas forçam caminho por grandes distâncias rio acima; porém, os machos ficam à espera na foz, até que suas parceiras em potencial, já gordas e lustrosas, voltem a reunir-se a eles para a viagem de retorno ao mar.

As enguias punham a cabeça para fora dos buracos escondidos entre as raízes da vegetação pantanosa que balançava suavemente para a frente e para trás. Ávidas, elas exploravam a água, sugando-a para dentro da boca; seus sentidos agudos captavam o gosto de sangue de peixe, que aos poucos ia se espalhando pela água, à medida que os sáveis capturados debatiam-se para escapar. Uma a uma, as enguias deslizavam para fora de suas tocas e se dirigiam à rede, seguindo o rastro de sabor através da água.

Elas banquetearam-se regiamente naquela noite, uma vez que a maior parte dos peixes capturados eram sáveis prenhes. As enguias mordiam-lhes os abdomes com dentes afiados e devoravam as ovas. Às vezes, abocanhavam também

1. Maré cheia

toda a carne, de modo que nada restava na rede a não ser um amontoado de pele. Os saqueadores não conseguiam pegar um sável livre no rio; então, o assalto às redes de pesca era a única possibilidade de uma refeição como essa.

À medida que a noite findava e a maré começava a baixar, cada vez menos sáveis seguiam rio acima, e nenhum outro deles foi capturado pela rede de emalhar. Pouco antes de a maré virar, alguns dos peixes apanhados que ainda podiam mover-se dentro da rede foram liberados pelo fluxo d'água que retornava ao mar. Entre os que escaparam da rede, alguns foram enganados pela guia do curral, seguindo ao longo das paredes de malha fina até o centro do labirinto, e dali ao coração da armadilha. Porém, a maioria tinha avançado vários quilômetros em direção ao mar e agora repousava, aguardando a próxima maré.

Quando o pescador desceu com uma lanterna e um par de remos, as estacas do cais na costa norte da ilha mostravam que a água subira 5 centímetros. O silêncio da noite foi quebrado pelo bater de suas botas no cais, pelo encaixar dos remos nas forquetas e pela água por eles espirrada enquanto o barco avançava pelo canal e se dirigia para as docas da vila. Lá, o pescador apanharia um companheiro de trabalho. Então, a ilha mergulhou novamente no silêncio e na espera.

Embora ainda não houvesse sinal de luz a leste, a escuridão da água e do ar se reduziam perceptivelmente, como se a obscuridade restante fosse um pouco menos sólida e impenetrável do que a da meia-noite. Um ar refrescante vindo do leste movia-se pelo canal, soprando sobre a água que recuava, produzindo pequenas ondas que se quebravam na praia.

A maioria dos talha-mares já tinha deixado o canal e retornado através da enseada para bancos mais distantes. Apenas um deles, aquele cujas aventuras descrevemos há pouco, ainda permanecia lá. Aparentemente, jamais se cansaria de voar circundando a ilha, nem de fazer largas arremetidas sobre os charcos ou sobre o estuário onde estavam as redes de pesca de sáveis. Quando ele cruzou o canal e subiu novamente o estuário, havia luz suficiente para ver os dois pescadores manobrando o barco, posicionando-o ao lado da corda com as boias de cortiça da rede de emalhar. Uma névoa branca pairava sobre a água, envolvendo os pescadores que estavam em pé dentro do barco, lutando para suspender a corda. A rede subiu, arrastando consigo uma touceira de gramíneas *Ruppia*, a qual foi deixada no chão da embarcação.

O talha-mar voou por cerca de 1,5 quilômetro corrente acima, seguindo próximo ao nível da água; depois voltou, fazendo um largo círculo sobre os pântanos, novamente em direção ao estuário. Havia no ar um forte cheiro de peixes e algas marinhas que chegava com a névoa matinal. As vozes dos pescadores eram bem audíveis sobre a água. Os homens praguejavam enquanto batalhavam para erguer a rede, soltando os peixes antes de dobrar a malha encharcada sobre o piso plano do barco.

    Nosso talha-mar passou a uma distância que poderia ser coberta por meia dúzia de batidas de suas asas. Um dos pescadores jogou, com força, algo sobre os ombros – uma cabeça de peixe com alguma coisa que parecia uma grossa corda branca amarrada. Era o esqueleto de uma fêmea de sável em fase de desova, tudo o que restou após o banquete das enguias.

    Na próxima vez em que a ave sobrevoou o estuário, encontrou os pescadores descendo, acompanhando o fluxo da maré vazante; no barco, havia meia dúzia de sáveis sob a rede dobrada. Todos os outros haviam sido eviscerados ou reduzidos a esqueletos pelas enguias. As gaivotas já estavam se reunindo sobre a água onde estivera a rede, gritando entusiasmadas ao verem os rejeitos que os pescadores lançaram na água.

    A maré baixava rapidamente, avançando pelo canal rumo ao mar. Quando os raios do sol irromperam entre as nuvens pelo leste, cruzando o canal, o talha-mar tratou de acompanhar a água que corria para o oceano.

2. Um voo na primavera

A NOITE EM QUE a grande migração de sáveis passou pela enseada e pelo estuário foi também cenário de um enorme movimento de aves que entraram na região do canal.

Ao nascer do dia, na meia-maré, dois pequenos maçaricos-brancos corriam junto à água escura da praia oceânica formada pela barra paralela à costa, mantendo-se na fina película que limitava a maré vazante. Eram belas avezinhas, com plumagem de mescla cinza e cor de ferrugem; elas saltitavam suas patas negras sobre a areia dura, onde flocos de espuma do mar rolavam como fibras de algodão. Esses pássaros pertenciam a um bando de várias centenas de aves costeiras que haviam chegado do sul durante a noite. Protegendo-se do vento, enquanto durou a escuridão os migrantes repousaram no abrigo constituído pelas grandes dunas; agora, a luminosidade crescente e a maré descendente induziam-nos a descer à beira-mar.

Os dois maçaricos-brancos, na empolgação da caçada na qual exploravam a areia úmida em busca de pequenos crustáceos de concha fina, esqueciam-se do longo voo noturno da véspera. Nesse momento, também não se lembravam do local longínquo que deveriam alcançar dali a poucos dias. Seria um lugar de amplas tundras, com lagos alimentados por águas provenientes da neve e banhados pelo sol da meia-noite. Pé-Negro, líder do bando migratório, fazia sua quarta viagem, partindo da extremidade meridional da América do Sul e dirigindo-se para o Ártico (no Polo Norte), rumo aos locais de acasalamento de sua espécie. Em seu breve tempo de vida, já viajara mais de 90 mil quilômetros, seguindo o sol para o norte e para o sul do globo, percorrendo cerca de 12 mil quilômetros em cada primavera e outono. A pequena fêmea que corria ao seu lado na praia tinha apenas um ano e retornava pela primeira vez ao Ártico, local que deixara quando ainda era filhote, nove meses antes. Do mesmo modo que os maçaricos-brancos mais velhos que corriam ao seu lado na praia, essa fêmea, Barra-Prateada, trocara sua plumagem cinza perolada de inverno por um manto fortemente salpicado com tons de canela e ferrugem, cores usadas por todos os maçaricos-brancos no retorno ao primeiro lar.

Na franja costeira onde as ondas se desfazem, Pé-Negro e Barra-Prateada buscavam pequenos tatuís que escavam a praia para construir abrigos. De todo alimento presente na área da maré baixa, o que os maçaricos mais apreciavam eram esses pequenos caranguejos ovais. Após o recuo de cada onda, a areia úmida borbulhava com o ar liberado dos rasos abrigos dos crustáceos. Então, um maçarico-branco poderia, se fosse rápido e firme o suficiente com os pés, enfiar o bico e tirar o caranguejo antes que a onda seguinte viesse, revolvendo tudo. Muitos dos caranguejos eram arrastados pela rápida correnteza das ondas e deixados na areia encharcada, agitando atabalhoadamente as pernas. Com frequência, os maçaricos-brancos capturavam esses caranguejos desnorteados, antes que os crustáceos pudessem, em desespero, enterrar-se de novo na areia.

Explorando a faixa recém-invadida pela maré, Barra-Prateada viu duas brilhantes bolhas de ar abrindo caminho entre os grãos de areia; ela sabia que havia um caranguejo logo abaixo. No mesmo instante em que seus olhos reluziam com a visão das bolhas de ar, ela notou que uma onda se formava no agitado tumulto da arrebentação e, então, avaliou a velocidade do montículo de água que corria avançando sobre a praia. Mais alto que os profundos sons da água em movimento, ela ouviu o chiado extremamente sutil da crista da onda começando a se quebrar. Quase no mesmo instante, as antenas hirsutas do caranguejo surgiram acima do nível da areia. Correndo sobre a crista da onda verde, com o bico aberto, Barra-Prateada investiu vigorosamente sobre a areia úmida e puxou para fora o caranguejo. Antes que a água conseguisse molhar suas pernas, ela virou-se e correu praia acima.

Enquanto o sol ainda chegava à água com raios rasantes, outros maçaricos-brancos do bando vieram juntar-se a Pé-Negro e Barra-Prateada. Em pouco tempo, a praia estava pontilhada de pequenas aves costeiras.

Uma andorinha-do-mar chegou voando ao longo da linha de arrebentação, com a cabeça parecendo coberta por um gorro preto e os olhos atentos aos movimentos dos peixes na água. Ela observou bem de perto os maçaricos-brancos, pois às vezes uma ave pequena podia ficar com medo e desistir da caça. Quando

2. Um voo na primavera

a andorinha viu Pé-Negro correr agilmente acompanhando o caminho da onda e agarrar um caranguejo, ela inclinou-se ameaçadora, soltando gritos assustadores e grasnidos estridentes e penetrantes.

Tii-ar-r-r-r! Tii-ar-r-r! – clamou a andorinha-do-mar.

A arremetida da ave de asas brancas, que tinha o dobro do tamanho do maçarico, surpreendeu Pé-Negro, cujos sentidos estavam ocupados em escapar da correnteza e impedir a fuga do grande caranguejo preso em seu bico. Ele alçou voo, emitindo um agudo *Kiit! Kiit!*, e circulou sobre as ondas. A andorinha-do-mar girou atrás dele em perseguição, gritando alto.

A habilidade de inclinar-se durante o voo e fazer manobras bruscas no ar deixava Pé-Negro em nível de igualdade com a andorinha-do-mar. As duas aves, investindo, rodopiando e circulando, subindo juntas quase verticalmente e, em seguida, mergulhando sobre os vales das ondas, ultrapassaram os quebra-mares; o som de suas vozes deixou de ser ouvido pelo bando de maçaricos-brancos na praia.

Ao elevar-se quase verticalmente no ar em perseguição a Pé-Negro, a andorinha-do-mar captou um lampejo prateado na água. Curvando a cabeça para registrar a nova presa com mais precisão, ela viu a água verde ornada de faixas prateadas, com a incidência do sol sobre os flancos de um cardume de peixes-rei que se alimentavam. De imediato, a andorinha-do-mar voltou-se perpendicularmente em direção à água, para onde caiu como uma pedra, embora seu corpo provavelmente não chegasse a 100 gramas. A ave colidiu fortemente com a superfície do mar, provocando uma breve chuvarada ao redor. Em questão de segundos, ela emergiu com um peixe debatendo-se no bico. A essa altura, com a andorinha--do-mar atraída pelos lampejos reluzentes na água, Pé-Negro alcançara a praia e aterrissara entre os maçaricos-brancos, que faziam sua refeição. Ficou por ali, correndo e buscando alimento, tão ocupado quanto antes.

Depois da mudança da maré, a água passou a avançar mais fortemente em direção à praia. As ondas chegavam mais altas e pesadas, alertando os maçaricos--brancos de que alimentar-se ali não era mais seguro. O bando retirou-se, voando sobre o mar e exibindo suas asas dotadas de faixas brancas reluzentes, característica que os distingue das demais aves de sua família zoológica. Voaram baixo sobre as cristas das ondas, viajando costa acima. Assim, chegaram ao local chamado Ship's Shoal, onde anos antes o mar havia rompido a barra e invadido o canal.

Naquele ponto, a areia da baía mantinha-se no mesmo nível desde o mar, no lado sul, até o canal, ao norte. A larga planície arenosa era um dos locais de repouso favoritos de maçaricos-brancos, tarambolas e outras aves costeiras; a região era apreciada, também, por andorinhas-do-mar, talha-mares e gaivotas, que vivem de alimentos marinhos e se reúnem para descansar nas praias e pontais que às vezes avançam para o oceano.

Naquela manhã, a baía estava pontilhada com numerosas aves, todas descansando à espera do retorno da maré alta, com a qual poderiam novamente se alimentar e abastecer seus pequenos corpos para a viagem rumo ao norte. Era o mês de maio; a grande migração primaveril das aves costeiras estava no auge. Semanas antes, as aves aquáticas haviam deixado os canais. Duas marés altas de sizígia[1] e duas marés baixas de quadratura[2] tinham-se passado desde que o último bando de gansos-da-neve se dirigira para o norte, como pequenas nuvens no céu. Os mergansos haviam partido em fevereiro, na expectativa de que ocorresse a primeira ruptura de gelo dos lagos do norte. Logo em seguida, os zarros (marrecos *Aythya*) deixaram as áreas cobertas pelas gramíneas do estuário e voaram para o norte, onde o inverno estava terminando. Do mesmo modo, partiram as bernacas (gansos que se alimentam da gramínea zostera que atapeta as águas rasas do canal), as velozes marrecas-de-asa-azul e os magníficos cisnes, enchendo os céus com suas grasnadas.

Então os sons de sino das tarambolas haviam começado a tinir entre as colinas de areia, e o assobio suave e pulsante do maçarico-real tomou conta dos charcos salinos. Silhuetas moviam-se através dos céus noturnos, e silvos tão suaves que mal se podia ouvir passavam sobre os vilarejos de pescadores, que agora dormiam. Eram as aves da praia e dos pântanos rumando para o norte, seguindo rotas aéreas ancestrais, em busca dos locais de acasalamento.

Agora, enquanto as aves do mar costeiro dormiam na praia da baía, as areias pertenciam a outros caçadores. Depois que a última ave se recolheu para o repouso, um caranguejo-fantasma saiu de seu abrigo na areia solta acima da linha da maré alta. Ele passou velozmente pela praia, correndo com agilidade sobre as pontas de suas oito pernas. Deteve-se diante de um volume de refugos do mar deixados pela maré noturna, a menos de doze passos do local onde estava Barra-Prateada, bem perto do bando de maçaricos-brancos. O caranguejo tinha um tom creme tão semelhante ao da areia que ele ficava praticamente invisível quando não se movia. Apenas seus olhos, como dois botões pretos sobre longas hastes, mostravam algu-

....
1 Maré de sizígia: quando o Sol fica em oposição à Lua; época das marés mais fortes. (NT)
2 Maré de quadratura: quando o Sol e a Lua dispõem-se em ângulo reto em relação à Terra; a atração que um dos astros exerce sobre o mar é enfraquecida pela influência do outro; época de marés mais baixas. (NT)

2. Um voo na primavera

ma cor. Barra-Prateada viu o caranguejo esgueirar-se por trás de um pequeno monte de restos de aveias-do-mar, gramíneas da praia e talos de alfaces-do-mar. Estava à espera de que alguma pulga-da-areia se descuidasse e revelasse sua presença. Os caranguejos-fantasmas sabem que as pulgas-da-areia escondem-se entre as algas na maré baixa, procurando pequenas porções de matéria em decomposição.

Antes que a maré avançasse mais uma vez, uma pulga-da-areia saiu debaixo de um talo verde de alface-do-mar, saltando agilmente através de uma haste de aveia-do-mar, tão grande para ela quanto um pinheiro seria para nós. O caranguejo saltou rápido como um gato e, com sua esmagadora garra (ou quela), capturou a pulga-da-areia e a devorou. Durante a hora seguinte, ele comeu muitas pulgas-da-areia na praia; para isso, esgueirava-se com pernas silenciosas, de um ponto de ataque a outro, enquanto emboscava as presas.

Uma hora depois, o vento mudou, passando a soprar canal adentro, obliquamente em relação ao mar. Uma a uma, as aves mudaram de posição de modo a ficarem de frente para o vento. Acima da arrebentação, num promontório, elas viram um grupo de várias centenas de andorinhas-do-mar pescando. Um cardume de pequenos peixes prateados passava em torno do promontório, rumo ao mar aberto. Ali, o ar se enchia de lampejos brancos das asas das andorinhas, que mergulhavam.

De tempos em tempos, as aves na praia de Ship's Shoal ouviam a música do espetáculo aéreo de bandos de batuiruçus-de-axila-preta, que voavam bem alto. Por duas vezes, elas avistaram longas filas de narcejas rumando para o norte.

Ao meio-dia, asas brancas planavam sobre as dunas: era uma garça-branca-pequena, que pousou graciosamente suas longas pernas negras. A ave postou-se à margem de uma pequena lagoa parcialmente cercada por charcos, entre a extremidade oriental das dunas e a praia da baía. O local chamava-se Lagoa das Tainhas, nome dado anos antes, quando era maior, época em que às vezes recebia tainhas vindas do mar. A pequena garça vinha todo dia pescar na lagoa, procurando as diversas espécies de peixes miúdos que disparavam nas águas rasas. Às vezes, encontrava filhotes de peixes maiores, pois as marés mais altas de cada mês atravessavam a praia pelo lado do oceano, trazendo consigo peixes do mar aberto.

A lagoa dormitava no silêncio do meio-dia. Contra o verde da relva do pântano, a garça era uma figura cor de neve, apoiada sobre finas colunas negras, hirta e imóvel. Sob seus olhos aguçados não havia uma única oscilação, nem indícios de movimento. Então, oito vairões[3] de cor pálida passaram em fila indiana logo acima do fundo lodoso, com suas oito sombras escuras movendo-se abaixo deles.

....
3   Peixes ciprinídeos. (NT)

Como se fosse uma cobra, o pescoço da garça contorceu-se e a ela investiu energicamente, mas deixou escapar o líder do pequeno e solene desfile. Em súbito pânico, os vairões espalharam-se e, então, a água límpida virou um caos lamacento causado pelas patas da garça, que atacava de todo jeito, saltando e batendo fortemente as asas. Apesar de todo o esforço, ela capturou apenas um dos vairões.

A garça ficou pescando por uma hora. Maçaricos-brancos, maçaricos-das-rochas e tarambolas dormiam havia três horas quando o fundo de um barco tocou a praia do canal, perto do promontório. Dois homens saltaram para dentro da água e se prepararam para arrastar uma rede na superfície da maré que subia. A garça ergueu a cabeça para escutar atentamente. Através da franja de aveias-do-mar que cercava a lagoa do lado do canal, ela avistou um homem descendo a praia até a enseada. Alarmada, apoiou firme as pernas na lama e, com um bater de asas, levantou voo sobre as dunas, rumo às colônias de garças nos bosques de cedro, a 1,5 quilômetro dali. Algumas das aves costeiras correram chilreando pela praia em direção ao mar. As andorinhas-do-mar já estavam sobrevoando a área como uma ruidosa nuvem, parecendo centenas de folhas de papel levadas pelo vento. O grupo de maçaricos-brancos alçou voo e cruzou o promontório, traçando um arco com notável uniformidade e percorrendo a praia oceânica por mais de 1 quilômetro.

O caranguejo-fantasma, ainda à caça de pulgas-da-areia, ficou assustado com a agitação das aves acima e com as muitas sombras que percorriam velozmente a areia. Naquela hora, ele estava muito distante de seu abrigo. Quando viu os pescadores caminhando pela praia, correu e mergulhou nas ondas do mar, preferindo esse abrigo a fugir. Mas um corvinão-de-pintas estava à espreita nas proximidades; num piscar de olhos, o caranguejo-fantasma foi capturado e devorado. Mais tarde, no mesmo dia, o corvinão foi atacado por tubarões. O que restou dele foi jogado na praia pela maré. Ali, as pulgas-da-areia, carniceiras da costa, aglomeraram-se sobre os despojos e os devoraram.

O crepúsculo encontrou os maçaricos-brancos em novo repouso no promontório de Ship's Shoal e ouviu o suave bater de asas no ar em volta da elevação arenosa, à medida que os maçaricos-reais chegavam dos charcos salinos para o descanso da noite na praia da enseada. Alarmada pelos estranhos sons e pelos movimentos das grandes e inúmeras aves, Barra-Prateada dirigiu-se para perto de alguns maçaricos-brancos mais velhos. Devia haver milhares de maçaricos-reais. Até uma hora após o escurecer, eles continuaram chegando, em longas formações em V e densos bandos. Todo ano, em sua migração para o norte, grandes aves marrons com bicos em forma de foice faziam escala ali, a fim de se alimentar de caranguejos-violinistas das planícies e pântanos lamacentos.

A uma pequena distância, vários caranguejos-violinistas, não maiores que um polegar, moviam-se pela praia, mas o som de suas pernas era como o de grãos de areia soprados pelo vento, de modo que nem mesmo Barra-Prateada, que descansava perto do círculo externo do bando, os ouviu passar. Eles invadiram a zona de águas rasas, deixando a corrente fresca banhar seus corpos. Aquele havia sido um dia de aflição e terror para esses crustáceos, em virtude de os pântanos terem sido completamente tomados pelos maçaricos-reais. Muitas vezes, a cada hora, a sombra de uma ave baixando suavemente para pousar no charco, ou a visão de um dos maçaricos-reais andando pela linha da água da praia, tinha provocado a dispersão dos pequenos caranguejos, como um estouro de boiada. Então, as centenas de pernas na areia produziram um som semelhante ao esfregar de folhas de papel. Todos que podiam lançavam-se para dentro de orifícios na areia – seus próprios abrigos ou qualquer orifício que conseguissem alcançar. Porém, os longos e oblíquos túneis na areia eram refúgios ineficazes, pois os bicos curvos das aves conseguiam sondá-los profundamente.

Agora, graças ao bem-vindo crepúsculo, hordas de caranguejos-violinistas tinham descido para a linha da água em busca de comida entre os punhados de material deixado pela maré vazante. Com suas pequenas garras em forma de colher, os crustáceos exploravam a areia, catando microscópicas células de algas.

Os caranguejos que tinham invadido a água eram fêmeas carregadas de ovos nas largas bolsas de seus abdomes. Por causa das massas de ovos, as fêmeas mexiam-se de forma desajeitada e eram incapazes de fugir dos inimigos. Por isso, permaneceram o dia inteiro escondidas no fundo de buracos na areia. Agora iam de um lado para outro na água, procurando livrar-se de suas cargas. Era um instinto que servia para aerar os ovos grudados ao corpo materno, parecidos com minúsculos cachos de uvas púrpuras. Embora fosse início de estação, algumas fêmeas carregavam ovos cinzentos, indicando que os caranguejinhos nos ovos já estavam prontos para vir à vida. Para esses caranguejos, o ritual noturno da lavagem provocava a eclosão dos ovos. A cada movimento do corpo materno, muitas cascas se rompiam e nuvens de larvas eram lançadas na água. Até os minúsculos peixes que beliscavam algas das conchas nas águas calmas do canal quase não notavam a multidão de criaturas recém-nascidas que vagava por ali, pois todos os filhotes de caranguejo-violinista, abruptamente liberados das esferas dos ovos que os continham, poderiam facilmente passar pelo buraco de uma agulha.

As nuvens de larvas foram carregadas para longe e espalhadas por toda a enseada pela maré ainda vazante. Quando a primeira luz do dia viesse a se insinuar através da água, as larvas se encontrariam no estranho mundo do mar aberto, em meio a muitos perigos que precisariam superar sozinhas, contando apenas com a ajuda de seus instintos autoprotetores, com os quais todas já contavam ao nascer. Muitas pereceriam. Outras, após longas semanas vivendo perigosamente, chegariam a uma praia distante, onde as marés lhes trariam generosos banquetes e as plantas dos pântanos lhes propiciariam lar e abrigo.

A noite estava barulhenta com os gritos (mais parecidos com latidos) de talha-mares. As aves se perseguiam mutuamente em brincadeiras acima da enseada, enquanto a lua derramava uma trilha branca sobre a água. Os maçaricos-brancos tinham avistado os talha-mares na América do Sul, pois muitos passavam o inverno na Venezuela e na Colômbia. Comparados aos maçaricos-brancos, os talha-mares eram aves dos trópicos e nada sabiam do branco mundo ao qual as aves costeiras estavam ligadas.

No decorrer da noite, de tempos em tempos, os sons dos maçaricos-reais de Hudson, que migravam a grande altitude, chegavam do céu. Outros dessa espécie, dormindo na praia, agitavam-se desconfortavelmente e às vezes respondiam aos gritos com assobios lamuriosos.

Era noite de lua cheia: luar das marés de sizígia, em que a água avança até bem longe nos pântanos e lambe o chão dos ancoradouros de pesca, fazendo que as amarras das âncoras dos barcos fiquem retesadas.

O mar, que reluzia com o prateado tremulante do luar, trazia à superfície muitas lulas, inebriadas e fascinadas pela luz. Elas vagavam pelo mar, os olhos fixos na lua. Regularmente, absorviam água e expeliam-na em jatos dirigidos para trás, impelindo o corpo para frente e afastando-se da luz que contemplavam. Enfeitiçadas pelo luar, seus sentidos não as alertavam de que estavam à deriva em bancos perigosos, até que o atrito áspero com areia provocasse um súbito alerta. Ao encalhar, as lulas desnorteadas bombeavam água ainda com mais força, ficando em níveis aquáticos cada vez mais rasos, presas na areia que a maré esvaziava mais e mais.

Descendo em direção à linha de água da maré para alimentar-se à primeira luz do dia, os maçaricos-brancos encontraram a praia repleta de lulas mortas. Eles não se detiveram nessa parte da praia pois, embora fosse muito cedo, muitas aves grandes já tinham se achegado e disputavam as lulas. Eram gaivotas-argênteas que migram da costa do Golfo do México até a Nova Escócia (Canadá). Elas vinham vorazes, depois do atraso devido ao tempo chuvoso. Uma dúzia de gaivotas-alegres pairaram ruidosamente sobre a praia, movendo as pernas como se fossem pousar; mas as gaivotas-argênteas as enxotaram com bicadas e gritos ferozes.

Lá pelo meio-dia, com a maré subindo, um forte vento soprava do mar e nuvens de tempestade se formavam. As hastes das gramíneas dos pântanos oscilavam, e suas pontas se curvavam de modo a tocar a superfície da água, que ficava cada vez mais alta. Depois que subiu o primeiro quarto da maré, todos os charcos já estavam profundamente imersos em água. Os bancos de areia espalhados pelo canal, local predileto de descanso das gaivotas, estavam totalmente cobertos, enquanto a maré subia com a pressão do vento que vinha do mar.

Os maçaricos-brancos, e também os bandos de outras aves costeiras, refugiavam-se perto das bases das dunas voltadas para o interior. Ali, ficavam protegidos pelas touceiras de gramíneas. Do abrigo, eles avistaram o grupo de gaivotas-argênteas varrendo o céu, como uma nuvem cinzenta acima do verde intenso dos pântanos. As gaivotas mudavam constantemente de forma e direção enquanto se deslocavam: os líderes hesitavam quanto a um possível local de descanso, os retardatários os seguiam. Naquele momento, assentaram-se num banco de areia cuja área se reduzira a um décimo do que tinha sido pela manhã. A água estava subindo. As aves seguiram em frente, batendo as asas e gritando sobre um recife de conchas de ostras, onde a água chegaria até o pescoço das gaivotas se elas ali pousassem. Finalmente o bando todo deu uma guinada e tomou o caminho de volta, enfrentando o vento e decidindo por um repouso próximo ao dos maçaricos-brancos, em seu abrigo na base das dunas.

A tempestade se formava e todos os migrantes ficaram à espera, incapazes de se alimentar por causa das fortes ondas. No mar ao longe, para além das enseadas que serviam de proteção, um violento temporal já rugia. Na praia que dava para o mar aberto, duas pequenas aves, entorpecidas e enjoadas de tanto comer, cambaleavam sobre a areia, caíam e se levantavam para, então, cambalear novamente. Para elas, a terra firme era um ambiente estranho. Exceto por um curto período de tempo a cada ano, quando visitavam pequenas ilhas no Mar Antártico para criar seus filhotes, seu mundo consistia em céu e águas revoltas. Eram almas-de-mestre, uma espécie de petrel, sopradas para a praia pela tempestade que vinha de longe, a quilômetros dali. Durante a tarde, uma ave de cor marrom-escura, com asas esguias e bico de gavião, chegou abrindo caminho entre as dunas pelo canal. O maçarico Pé-Negro e outras aves costeiras encolheram-se aterrorizados, reconhecendo um inimigo ancestral, o flagelo das terras do norte. Assim como as almas-de-mestre, a gaivota-rapineira chegara trazida do mar aberto pelo vendaval.

Antes do pôr do sol, os céus clarearam e o vento amainou. Enquanto ainda havia luz, os maçaricos-brancos deixaram a barra insular e alçaram voo pelo canal. Quando passaram sobre a enseada, abaixo deles se via a faixa verde-escura do canal, serpenteando com muitas curvas e passando pelas águas rasas mais calmas do estreito. Eles seguiram o canal, passaram entre as estacas de boias vermelhas oblíquas e cruzaram linhas de maré por onde fluía a água – interrompidas por redemoinhos e turbilhões, sobre um recife de conchas de ostras submerso – e chegaram finalmente à ilha. Ali, juntaram-se a várias centenas de maçaricos-de-sobre-branco[4], maçariquinhos[5] e tarambolas-coleiradas que descansavam na areia.

Conforme a maré seguia baixando, os maçaricos-brancos se alimentavam na praia insular e se aprontavam para o repouso antes da chegada de *Rynchops*, o talha-mar, ao cair da noite. Enquanto dormiam e a Terra avançava da escuridão para a luz, aves que frequentavam locais de alimentação distintos ao longo da costa apressavam-se para retomar suas rotas em direção ao norte. Isso porque, com o amainar da tempestade, as correntes de ar voltaram a ser frescas e o vento soprava do sudoeste com limpidez e regularidade. Durante toda a noite, o alarido de maçaricos-brancos, maçaricos-reais, maçaricos-de-perna-amarela, tarambolas e vira-pedras pairou no ar. Os sabiás que viviam na ilha ouviam os gritos dos companheiros. Na manhã seguinte, teriam uma série de novas notas musicais em seu repertório, imitando cantos para atrair seus parceiros e se deleitar.

Cerca de uma hora antes do nascer do sol, o bando de maçaricos-brancos se reuniu na praia da ilha, onde a maré calma movia as fileiras de conchas vindas do mar. O pequeno ajuntamento de pássaros salpicados de castanho alçou-se em direção ao céu escuro, a ilha apequenando-se debaixo deles, e rumaram para o norte.

....
4   *Calidris fuscicollis*. (NT)
5   *Calidris minutilla*. (NT)

3. Encontro no Ártico

O INVERNO AINDA dominava as terras do norte quando os maçaricos-brancos chegaram às costas de uma baía cuja forma lembrava a de uma toninha durante o salto, nos limites das regiões de tundras congeladas, sem vida. Dentre todas as aves costeiras migratórias, eles foram os primeiros a chegar. A neve se acumulava nas montanhas e se estendia até as profundezas dos vales. Na baía, o gelo ainda não se rompera, mas permanecia junto ao mar, acumulando-se em montes entalhados e esverdeados, estirando-se e vergando-se sob a influência das marés.

Os dias cada vez mais longos e ensolarados já haviam começado a derreter a neve nas encostas meridionais das montanhas. Nos cumes, o vento contribuíra para desgastar e tornar mais fina a camada de neve. Ali, o marrom da terra e o cinza prateado dos liquens-das-renas já eram visíveis; agora, pela primeira vez na estação, o caribu de casco afiado já podia se alimentar sem ter que afastar a neve com as patas. Ao meio-dia, percorrendo a tundra, as corujas-brancas contemplavam seus próprios reflexos nas pequenas e numerosas poças que se formavam entre as rochas. Porém, no meio da tarde, os espelhos d'água já estavam turvos pelo gelo formado em sua superfície.

As penas com coloração em tom de ferrugem já começavam a aparecer em torno do pescoço das ptármigas. Pelos castanhos eram visíveis em raposas e doninhas, que até pouco tempo eram totalmente brancas. As escrevedeiras-das-neves saltitavam de um lado para o outro, em bandos que aumentavam dia a dia; os brotos dos salgueiros cresciam e revelavam o despertar de sua cor sob a luz do sol.

Havia pouco alimento para os pássaros migratórios, apreciadores do sol morno e das ondas verdes pulsantes. Os maçaricos-brancos se agrupavam com dificuldade sob alguns poucos salgueiros-anões protegidos dos ventos de noroeste por um amontoado de blocos de gelo. Ali, alimentavam-se dos primeiros brotos verdes de saxífragas, esperando a chegada do degelo que liberaria o rico alimento animal da primavera ártica.

Mas o inverno ainda não morrera. O segundo sol após o retorno dos maçaricos-brancos ao Ártico brilhava tênue no ar embaçado. As nuvens espessavam-se e moviam-se entre a tundra e o sol. Por volta do meio-dia, o céu estava pesado com a neve que ainda não caíra. O vento chegava, vindo do mar aberto e soprando sobre os blocos de gelo, carregando um ar gélido que se transformava em neblina ao passar, turbilhonante, por planícies mais amenas.

Uhvinguk, o lemingue que no dia anterior tomara sol sobre as rochas nuas, acompanhado de muitos outros animais do seu bando, correu para os abrigos – túneis sinuosos e profundos nas duras rochas e câmaras revestidas de relva, onde os lemingues residiam, aquecidos, mesmo durante o inverno. No crepúsculo daquele dia, uma raposa-branca se deteve, com a pata erguida, acima de um abrigo de lemingues. No silêncio, seus ouvidos aguçados captaram o som de pequenos pés correndo pelos túneis subterrâneos. Muitas vezes, na primavera anterior, a raposa escavara a neve até chegar aos túneis, capturando tantos lemingues quantos pudera comer. Agora, a raposa gania e mexia ligeiramente a neve com a pata. Não estava faminta, pois matara e comera uma ptármiga uma hora antes, ao se deparar com a ave enquanto essa arrancava raminhos jovens de salgueiros; por isso, hoje ela apenas ouvia, talvez para assegurar-se de que as doninhas não haviam atacado a colônia de lemingues desde sua última visita. Então, virou-se e correu com patas silenciosas ao longo da trilha feita por muitas raposas, sem parar nem mesmo para lançar um olhar para os maçaricos-brancos, compactamente reunidos no abrigo da geleira. Passou pela colina até o cume distante, onde ficavam as tocas de uma colônia de trinta pequenas raposas-brancas.

Tarde da noite naquele dia, por volta da hora em que o sol devia estar se pondo em algum lugar atrás dos espessos flocos de nuvem, caiu a primeira nevada. Logo o vento despertou e derramou pela tundra um efeito enregelante, penetrando como água gelada por entre pelos aquecidos e penas grossas. Enquanto o vento bramia e avançava vindo do mar, o nevoeiro vinha à sua frente, atravessando as planícies sem vida; contudo, as nuvens de neve eram mais espessas e brancas do que fora a neblina.

Barra-Prateada, a jovem fêmea de maçarico-branco, não tinha visto neve desde que deixara o Ártico, quase dez meses antes, para seguir o sol rumo ao limite de sua órbita, nas pradarias da Argentina e nas costas marítimas da Patagônia. Praticamente todos os dias de sua existência haviam sido de sol, amplas praias brancas e pampas verdes e ondulantes. Agora, encolhida sob os salgueiros-anões, ela não conseguia ver Pé-Negro em meio ao branco torvelinho de neve, embora pudesse chegar até ele com uma rápida corrida de vinte passos. Os maçaricos se mantinham de frente para a nevasca, como fazem as aves costeiras em qualquer parte do mundo quando enfrentam o vento. Eles aconchegavam-se estreitamente, asa contra asa; por permanecerem todos agachados, o calor de seus corpos impedia que seus pés delicados congelassem.

Se a neve não tivesse vindo desse modo, a noite inteira e todo o dia seguinte, a perda de vida teria sido menor. Mas os níveis dos cursos d'água dos vales foram subindo, centímetro a centímetro, durante toda a noite, e o branco macio da neve se acumulou mais e mais nos cumes. Pouco a pouco, da costa marinha coberta de gelo (ao longo de quilômetros de tundras) até muito ao sul, chegando à borda das florestas, as colinas ondulantes e os vales enregelados se nivelavam. Então, um mundo estranho, aterrorizante em sua ubíqua brancura, ia se formando. No crepúsculo purpúreo do segundo dia, a nevasca abrandou, e a noite foi tomada pelo uivo forte do vento. Nenhum outro som se ouvia, pois nenhuma criatura se atrevia a aparecer.

A morte trazida pela neve havia tirado muitas vidas. No ninho de duas corujas-da-neve, numa ravina que cortava um profundo talho na encosta, perto do pequeno bosque de salgueiros onde se abrigavam os maçaricos, a fêmea estivera chocando seis ovos por mais de uma semana. Durante a primeira noite de tormenta, a neve se acumulara à sua volta, deixando apenas uma depressão arredondada onde a ave estava assentada. A noite inteira a coruja manteve-se no ninho, aquecendo os ovos com seu corpo volumoso e sua plumagem, que parecia ser formada de pelos. Ao amanhecer, a neve acumulava-se ao redor das garras guarnecidas de penas e subia contornando a coruja. Mesmo com a proteção das penas, o frio era entorpecente. Ao meio-dia, flocos semelhantes a fios de algodão ainda pairavam pelo céu. Apenas a cabeça e os ombros da coruja estavam livres da neve. Várias vezes naquele dia, uma criatura imponente, branca e silenciosa como flocos de neve havia sobrevoado o cume e pairado acima do local onde se achava o ninho. Ookpik, a coruja-macho, chamou pela parceira com gritos graves, guturais. Enfraquecida e com as asas pesadas de frio, a fêmea se levantou e se sacudiu. Levou vários minutos para se livrar da neve e subir, cambaleando e tropeçando, para longe do ninho, totalmente coberto de branco. Ookpik cacarejou para ela, emitindo os sons típicos do macho que traz um lemingue ou um filhote de ptármiga para o ninho, mas nenhuma das duas corujas conseguira alimento desde que a nevasca começou. A fêmea tentou voar, mas seu corpo pesado e rígido pendeu desajeitadamente sobre a neve. Quando finalmente a lenta circulação sanguínea voltou a irrigar seus músculos, ela se ergueu no ar; as duas aves pairaram sobre o local onde os maçaricos se agrupavam e dirigiram-se para além da tundra.

Enquanto a neve se depositava sobre os ovos ainda aquecidos, e o frio rigoroso e penetrante da noite os envolvia, as chamas vitais dos pequenos embriões ardiam debilmente. As correntes carmesins corriam mais lentamente pelos vasos que conduziam o fluxo nutritivo das gemas dos ovos para os embriões. Passado algum tempo, o fluxo foi se debilitando, até que finalmente cessou a atividade das células que cresciam e se dividiam, cresciam novamente e outra vez se dividiam para formar ossos, músculos e tendões de coruja. As bolsas vermelhas pulsantes que ficavam sob as cabeças desproporcionais hesitaram, bateram espasmodicamente e se imobilizaram. Os seis embriões que se tornariam corujas-da-neve jaziam mortos sob a branca cobertura. Com sua morte, talvez centenas de lemingues, ptármigas e lebres do Ártico, que ainda não tinham nascido, teriam maior possibilidade de escapar da morte trazida por seres emplumados vindos do alto.

Mais para cima na ravina, várias ptármigas foram completamente encobertas pela neve no local onde haviam pernoitado. Elas tinham sobrevoado o cume da montanha na noite da tempestade, pousando nos macios depósitos de neve, de modo que seus pés, recobertos por penas e parecidos com sapatos de neve, não deixassem nenhuma pegada que pudesse guiar as raposas àquele lugar de repouso. Essa é uma regra do jogo de vida e morte que os fracos disputam com os fortes. Mas, naquela noite, não havia necessidade de se observar as regras, pois a neve encobriria todas as pegadas, sem deixar oportunidade sequer ao mais sagaz dos inimigos. A neve veio lenta e se acumulou em tal volume sobre as ptármigas adormecidas que depois elas não conseguiram escapar.

Cinco aves do bando de maçaricos-brancos morreram de frio, e numerosas escrevedeiras-da-neve cambaleavam sobre a camada nivosa, debilitadas demais para ficar em pé quando tentavam se levantar.

Agora, passada a tormenta, a fome imperava na inóspita região. A maioria dos salgueiros, o alimento das ptármigas, estava encoberta pela neve. Os frutos secos das ervas do ano anterior, que forneceriam sementes para as escrevedeiras-da-neve, vestiam reluzentes camisas de gelo. Os lemingues, que eram alimento de raposas e corujas, estavam seguros em suas trilhas de fuga. Em nenhum lugar desse silencioso mundo havia alimento para aves costeiras que vivem de mexilhões, insetos ou outras criaturas da beira-mar. Agora, durante a breve e cinzenta

3. Encontro no Ártico

noite de primavera ártica, muitos predadores, tanto os revestidos de pelo como os cobertos de penas, saíam de seus abrigos. Quando a noite cedeu espaço ao dia, eles ainda caminhavam sobre a neve ou batiam fortemente as asas percorrendo a tundra, pois a matança noturna ainda não satisfizera sua fome.

Entre os caçadores estava Ookpik, um macho da espécie das corujas-da--neve. Ele passava os meses mais frios do inverno a centenas de quilômetros ao sul, onde era mais fácil encontrar pequenos lemingues cinzentos, seu alimento favorito. Durante a tempestade, nada que fosse vivo lhe aparecera enquanto ele perambulava sobre as planícies e acima dos cumes de onde se via o mar; mas, nesse dia, muitas criaturinhas moviam-se pela tundra.

Ao longo da margem oriental do rio, um bando de ptármigas descobrira alguns ramos de salgueiro sobressaindo na neve. Eram parte de um bosque de arbustos que atingiam a altura dos chifres de um caribu do ártico, até que a neve os cobriu. Agora, as ptármigas podiam facilmente alcançar os ramos mais altos. Elas puxavam e arrancavam os raminhos com o bico, satisfeitas com esse alimento, enquanto os brotos novos e macios da primavera não desabrochavam. O bando ainda vestia a plumagem branca de inverno, com exceção de um ou dois machos, cujas poucas penas marrons denunciavam a proximidade do verão e da estação de acasalamento. Quando uma ptármiga em roupagem de inverno se alimenta em locais nevados, toda a sua cor se resume ao negro que se vê em seu bico, em seus olhos vivos e nas penas sob sua cauda, durante o voo. Até mesmo suas inimigas ancestrais, as raposas e as corujas, enganam-se quando estão a distância; mas elas também se vestem das cores protetoras do ártico.

Agora, subindo o vale do riacho, Ookpik percebeu, entre os salgueiros, o movimento de esferas negras e reluzentes: eram os olhos das ptármigas. O branco predador esgueirou-se para mais perto, confundindo-se com o céu claro; a presa branca se movia, inadvertida, sobre a neve. Houve um ligeiro *uuuch* de asas, penas soltas e espalhadas; sobre a neve, surgiu uma mancha vermelha como um ovo de ptármiga recém-posto, antes da secagem dos pigmentos da casca. Em suas garras, Ookpik carregou a ptármiga para o cume da colina, até o local por ele usado como posto de observação, onde sua companheira o aguardava. As duas corujas-da--neve dilaceraram a carne quente com os bicos, engolindo também, como é seu hábito, penas e ossos, para eliminá-los depois em partículas fecais.

A corrosiva aflição causada pela fome era uma sensação nova para Barra--Prateada. Uma semana antes, com outras aves do bando, ela enchera o estômago com mexilhões capturados nas amplas planícies invadidas pela maré na baía de Hudson. Uns dias antes, tinha devorado pulgas-da-areia nas costas da Nova Inglaterra e caranguejos nas praias ensolaradas do sul. Em toda a jornada de 14 mil quilômetros desde a Patagônia, nunca lhe faltara alimento.

Os maçaricos-brancos mais velhos, mais tolerantes aos períodos de privação, esperaram que a maré baixasse e, então, conduziram Barra-Prateada e outras aves jovens do bando até a margem da plataforma de gelo. A praia estava repleta de massas irregulares de gelo e espuma congelada, mas a última maré havia movido os blocos de gelo quebrados e, ao baixar e voltar para o mar, deixara uma área plana, nua e lamacenta. Várias centenas de aves costeiras já estavam reunidas ali. Todas pertenciam ao primeiro grupo de migrantes vindos de quilômetros ao redor, seres que escaparam da morte causada pela neve. Estavam tão densamente aglomeradas que mal havia espaço para os jovens maçaricos-brancos se ajeitarem entre elas. Cada centímetro quadrado de superfície já fora tocado ou escavado pelos bicos das aves pernaltas. Escavando fundo na lama dura, Barra-Prateada encontrou várias conchas espiraladas como caracóis, mas estavam vazias. Junto com Pé-Negro e outras duas aves jovens, ela voou praia acima por cerca de 2 quilômetros, mas o chão estava coberto por um tapete de neve e gelo: não havia alimento.

Enquanto os maçaricos-brancos eram malsucedidos em sua caça entre os blocos de gelo, Tullugak, o corvo, voava bem alto sobre a praia, batendo as asas com firmeza.

Cr-r-r-ruck! Cr-r-r-uck! – ele grasnava roucamente.

Tullugak estivera patrulhando quilômetros de praia e tundras próximas, em busca de comida. Todas as carcaças que os corvos vinham explorando há meses estavam cobertas pela neve ou tinham sido carregadas pelos deslocamentos de gelo na baía. Agora que localizara os restos de um caribu perseguido e morto por lobos naquela manhã, o corvo chamava os colegas para o banquete. Três aves negras, entre elas a parceira de Tullugak, caminhavam firmemente sobre o gelo da baía, buscando uma carcaça de baleia. O corpo do cetáceo chegara à praia meses antes; isso significava disponibilidade de alimento por quase todo o inverno para Tullugak e seu clã, que viviam o ano inteiro nas vizinhanças da baía. A tempestade abrira um canal para dentro do qual massas de gelo em movimento empurraram a baleia morta, cobrindo-a totalmente. Ao escutarem o alvissareiro grito de Tullugak anunciando comida, três outros corvos elevaram-se no ar e o seguiram através da tundra para pegar os poucos retalhos de carne que restavam sobre os ossos do caribu.

Na noite seguinte o vento mudou de direção, e o degelo teve início.

Dia após dia, o cobertor de neve foi ficando mais delgado. Orifícios irregulares começaram a desfazer a camada alva: buracos marrons, onde se via a

3. Encontro no Ártico

terra nua, e buracos verdes, onde se descobriam pequenas poças que ainda mantinham oculto seu núcleo de gelo. A água que gotejava regularmente das encostas avolumou-se gradualmente, dando origem a córregos finos que iam crescendo cada vez mais, até gerar torrentes abundantes, à medida que o ártico mandava neve em degelo para o mar. Entalhes e sulcos devoravam o gelo salgado. A água acumulava-se em enormes lagoas ao longo da costa. Os lagos enchiam-se até a borda com água límpida e fria, pulsando com vida nova à medida que as formas jovens dos grandes mosquitos tipulídeos e dos efemerópteros agitavam-se no fundo lamacento e as larvas de miríades de outros mosquitos contorciam-se na água.

Com o derretimento do gelo e a invasão da água nas planícies de gramíneas, os abrigos dos lemingues, que dominavam o submundo ártico com centenas de quilômetros de túneis, tornavam-se inabitáveis. As tranquilas passagens de fuga e os calmos refúgios forrados de relva, que foram locais seguros até mesmo contra as mais ferozes tempestades de inverno, agora conheciam os terrores das correntes de águas invasoras, as quais avançavam em redemoinhos. Os lemingues que conseguiam escapar subiam nos altos rochedos e nos cumes cobertos de cascalho, expondo ao sol seus corpos roliços e cinzentos, esquecendo-se rapidamente do terrível horror que acabaram de evitar.

Centenas de migrantes chegavam do sul a cada dia, e a tundra passava a ouvir outros sons, além dos gritos assustadores das corujas-machos e do ladrar das raposas. Havia vozes de maçaricos-reais, tarambolas, tentilhões, andorinhas-do-mar, gaivotas e marrecos do sul. Havia os bramidos dos maçaricos-pernilongos e o tinir de pássaros de dorso vermelho; havia o agudo chilrear do maçarico-de-bico-fino, parecido com o coral de sinos de trenó natalino entoado por rãs-foguetes,[1] num pôr do sol nevoento de um dia de primavera na Nova Inglaterra.

À medida que as manchas de terra se espalhavam sobre os campos nevados, maçaricos-brancos, tarambolas e vira-pedras se juntavam nos locais sem neve, onde encontravam alimento em abundância. Apenas os tentilhões recorriam aos charcos ainda congelados e às depressões protegidas das planícies, onde ciperáceas e gramíneas elevavam espigas de sementes secas acima da neve, estalando quando o vento soprava e liberando os frutos para as aves.

A maioria dos maçaricos e tentilhões seguia adiante até ilhas longínquas, espalhadas bem além do mar Ártico, onde faziam seus ninhos e procriavam. Mas Barra-Prateada, Pé-Negro e outros maçaricos-brancos permaneceram perto

---
1 *Pseudacris crucifer*, pequena rã da América do Norte conhecida pela vocalização em coro, que produz sons parecidos com sinos de um trenó de Papai Noel. (NT)

da baía que tinha a forma de uma toninha saltando, junto com as vira-pedras, as tarambolas e muitas outras aves costeiras. Centenas de andorinhas-do-mar preparavam-se para fazer seus ninhos nas ilhas próximas, onde estariam a salvo das raposas, enquanto a maioria das gaivotas dirigia-se para as margens dos pequenos lagos que pontilhavam as planícies árticas no verão.

Com o tempo, Barra-Prateada acabou aceitando Pé-Negro como parceiro. O casal se recolheu para um platô rochoso de frente para o mar. As rochas estavam cobertas de musgos e liquens de cor cinza-clara: os primeiros organismos clorofilados a habitar a terra aberta e varrida pelo vento. Havia uma esparsa população de salgueiros-anões, com amentilhos maduros e gemas de folhas em crescimento. De moitas verdes espalhadas, flores de betônicas silvestres dirigiam suas faces brancas ao sol. No alto, sobre a encosta meridional da colina, uma lagoa alimentada pelo degelo da neve enviava suas águas para o mar, por um velho leito de rio.

Agora, Pé-Negro se tornava mais agressivo, combatendo ferozmente cada macho que invadisse os limites do território por ele escolhido. Após cada combate, desfilava diante de Barra-Prateada, encrespando as penas. Enquanto ela observava em silêncio, ele saltava e pairava no ar, agitando as asas e gritando esganiçadamente. Isso era mais frequente ao anoitecer, quando sombras púrpuras caíam sobre as encostas orientais das montanhas.

Na borda de uma moita de betônica, Barra-Prateada preparava o ninho, uma depressão rasa que ela moldou a seu corpo, fazendo-a mais e mais redonda. Forrou o fundo com folhas secas do ano anterior, caídas de um salgueiro que crescia rente ao chão. Trazia uma folha de cada vez, arrumando-as no ninho e juntando pequenas porções de líquen. Pouco tempo depois, havia quatro ovos sobre as folhas de salgueiro. Então, Barra-Prateada começou a longa vigília durante a qual deveria impedir que as criaturas silvestres da tundra descobrissem o local de seu ninho.

Durante a primeira noite em que passou sozinha com os quatro ovos, Barra-Prateada ouviu um som novo na tundra, ainda não escutado naquele ano; era um grito áspero que vinha das sombras, vez após outra. Bem cedo, no raiar do dia, ela viu duas aves voando baixo; seus corpos e asas eram escuros. As recém-chegadas eram gaivotas-rapineiras, do mesmo grupo das gaivotas comuns, porém hábeis para atacar e matar, como os gaviões. Desse dia em diante, os gritos, que pareciam uma sinistra risada, passaram a ressoar todas as noites naqueles inóspitos hábitats.

A cada dia, mais e mais gaivotas-rapineiras foram chegando: algumas vindas das regiões de pesca do Atlântico Norte, onde se alimentavam roubando peixe das gaivotas e pufinos (semelhantes ao albatroz); outras provenientes de oceanos

3. Encontro no Ártico

mornos da outra metade do globo. Tais gaivotas se tornaram o flagelo de toda a tundra: sozinhas ou aos pares e trios, percorriam de um lado a outro os espaços abertos, à espreita de algum maçarico, uma tarambola ou um falaropo solitário que, indefesos, seriam presas fáceis. Elas atacavam subitamente, descendo em rodopios sobre bandos de aves costeiras – que se alimentavam nas amplas planícies de lama coberta por vegetação –, na esperança de separar um único indivíduo do grupo para levá-lo a uma perseguição que terminaria em morte. Elas atormentavam as gaivotas na baía até que essas desistissem dos peixes que haviam capturado. Caçavam entre as fendas das rochas e nos pequenos morros de pedras, onde frequentemente surpreendiam um lemingue tomando sol na entrada de seu abrigo ou se deparavam com uma escrevedeira-das-neves chocando ovos. Subiam em elevações rochosas ou em colinas, de onde observavam todo o ambiente da tundra, um mosaico de locais claros e escuros, com cascalhos, musgos, liquens e xisto. Nem mesmo os aguçados olhos da gaivota-rapineira podiam distinguir a distância os ovos variegados de tantas aves, os quais ficavam expostos na planície aberta. Tão habilidosa era a camuflagem da tundra que só um movimento súbito de uma ave chocando ou de um lemingue alimentando-se poderia trair sua presença.

Agora, vinte horas por dia a tundra ficava sob o sol, e por quatro horas dormia num suave crepúsculo. O salgueiro-do-ártico, a saxífraga, a betônica e a amora-silvestre apressavam-se em produzir novas folhas para nutrirem-se com a energia do sol. Dali a algumas breves e ensolaradas semanas, as plantas do Ártico teriam acumulado sustento suficiente. Apenas o cerne da vida, fortalecido e protegido, é capaz de resistir a meses de escuridão e frio.

Pouco tempo depois, a tundra estava ornamentada com muitas flores: primeiro surgiram as taças brancas das dríades; em seguida, as saxífragas púrpuras; depois, os campos de ranúnculos, sob potentes zumbidos de abelhas que pousavam em suas pétalas amarelas brilhantes e roçavam suas anteras maduras. Cada abelha carregava seu fardo de pólen nas cerdas do corpo. A tundra também estava enfeitada com pontos coloridos móveis, pois o sol do meio-dia ficava mais belo com a presença das borboletas nos bosques de salgueiros, os quais elas invadiam para ali se ocultar quando ventos mais frios sopravam ou nuvens escuras se interpunham entre a Terra e o Sol.

Em áreas temperadas, os pássaros entoam suas mais belas canções quando surge a tênue claridade que se esvai após o pôr do sol e surge antes do amanhecer. Mas nas regiões desoladas do Ártico, o sol de junho invade tão brevemente a linha abaixo do horizonte que cada hora noturna é um período crepuscular (e, portanto, musical), preenchido com o cantar murmurante dos pardais emberizídeos e os apelos da cotovia-cornuda.[2]

Num dia de junho, um casal de falaropos perambulava, leves como cortiça, na cintilante superfície da lagoa dos maçaricos-brancos. De vez em quando, os falaropos rodopiavam em círculo, por meio de rápidos impulsos dos pés membranosos. Os movimentos agitavam insetos, que eram então capturados por repetidos golpes dos bicos das aves, longos e finos como agulhas. Os falaropos tinham passado o inverno em mar aberto, bem longe, ao sul, seguindo as baleias e também as aglomerações de alimento, eternamente à deriva, deixadas pelos cetáceos. Em sua migração, eles chegaram ao norte por uma rota oceânica, até onde foi possível, antes de atingir a terra. Os falaropos prepararam um ninho na vertente sul da elevação, com amentilhos e folhas de salgueiro, não muito distante do local onde eram chocados os maçaricos-brancos. Então, o falaropo-macho se responsabilizou pelo ninho, chocando os ovos por dezoito dias.

Durante o dia, o suave som dos tentilhões – *co-a-bi*, *co-a-bi* –, parecido com o de uma flauta, chegava das montanhas, onde os ninhos ficavam ocultos nos platôs, entre as pardas ondulações das touceiras de ciperáceas árticas e as folhas das dríades brancas. Toda noite, Barra-Prateada via um solitário tentilhão saltar e erguer-se no ar tranquilo sobre as pequenas elevações das colinas. A canção de Canutus, o tentilhão, era ouvida por outros de sua espécie ao longo do topo da montanha, e por vira-pedras e maçaricos-brancos na zona entremarés da baía. Mas quem mais atentava para a canção e a ela respondia era sua pequena parceira de cor matizada, que estava chocando os quatro ovos no ninho distante, lá embaixo.

Então, certo dia, muitas das vozes da tundra foram silenciadas: em toda a região, os ovos eram chocados e havia filhotes a serem alimentados e ocultados dos inimigos.

Quando Barra-Prateada começou a incubar os ovos, a lua estava na fase cheia. Desde então, o satélite natural da Terra havia se reduzido a um finíssimo anel; agora, tinha crescido novamente até um quarto, de modo que, mais uma vez, as marés na baía eram calmas e suaves. Numa manhã, quando as aves costeiras se reuniram sobre as planícies para alimentar-se na maré baixa, Barra-Prateada não se juntou a elas. Durante toda a noite, tinha ouvido sons nos ovos aninhados sob suas penas peitorais, que agora estavam desgastadas e puídas. Eram as bicadas dos filhotinhos de maçarico-branco que, depois de vinte e três dias, estavam pron-

---

2 *Eremophila alpestris*. (NT)

tos para vir à vida. Barra-Prateada inclinou a cabeça e prestou atenção aos ruídos; algumas vezes, ela se afastava um pouco dos ovos e os observava atentamente.

No cume de uma montanha das redondezas, um macho de escrevedeira-da-lapônia cantava sua canção tilintante e cheia de sílabas; ele alçava-se ao ar repetidamente e soltava a voz ao descer de asas abertas sobre as gramíneas na superfície. A pequena ave tinha um ninho forrado de penas situado na margem da lagoa do falaropo, onde sua parceira chocava seis ovos. O macho, feliz com o brilho e o calor do meio-dia, não percebeu a sombra que se movia entre ele e Kigavik, o falcão-gerifalte, que descia do céu. Barra-Prateada não ouviu o som do macho da escrevedeira nem ficou sabendo do seu súbito cessar; também não notou quando uma pena peitoral pousou suavemente quase ao seu lado. Ela estava atenta, olhando o orifício que tinha aparecido em um dos ovos. O único som que ela ouviu foi um chiado fino, parecido com o de um camundongo: era o primeiro grito de seu filhote. Justamente no momento em que o falcão-gerifalte chegava ao ninho que deixara num rochedo voltado para o mar, ao norte, trazendo o macho de escrevedeira-da-lapônia como alimento para seus filhos, o primeiro filhote de maçarico-branco emergia do ovo e dois outros filhotes rompiam a casca.

Pela primeira vez, um temor persistente invadiu o coração de Barra-Prateada – o medo que sentem todos os seres silvestres preocupados com a segurança de seus filhotes indefesos. Com os sentidos agora mais rápidos e aguçados, ela se deu conta de como era a vida na tundra; seus ouvidos afiados identificavam os gritos das gaivotas-rapineiras perturbando as aves marinhas nas zonas entremarés. Tinha agora olhos atentos para perceber a brancura das asas agitadas do falcão-gerifalte.

Depois da eclosão do ovo que gerou o quarto filhote, Barra-Prateada começou a retirar do ninho as cascas dos ovos, pedacinho por pedacinho. Incontáveis gerações de maçaricos-brancos tinham feito o mesmo, superando em astúcia os corvos e as raposas. Nem mesmo o falcão-gerifalte, com visão apurada, em seu posto sobre a rocha, nem as gaivotas-rapinantes, que esperavam os lemingues saírem de seus abrigos subterrâneos, notaram o movimento da pequena ave salpicada de marrom enquanto ela cuidadosamente ia de lá para cá, com extrema cautela entre as touceiras de betônica, ou rastejava sobre as gramíneas ásperas da tundra. Apenas os olhos dos lemingues, que corriam daqui para lá entre as ciperáceas ou expunham-se ao sol sobre as rochas próximas aos seus esconderijos subterrâneos, acompanharam a mãe dos pequenos maçaricos-brancos até que ela chegasse ao fundo da ravina, bem longe, no alto da montanha. Mas os lemingues eram criaturas mansas, que não temiam o maçarico-branco nem eram temidas por ele.

Barra-Prateada trabalhou durante a breve noite que sucedeu a eclosão do ovo do quarto filhote. Quando o sol atingiu o leste novamente, ela estava ocultando a última casca entre os cascalhos da ravina. Uma raposa-polar passou perto dela, sem fazer ruído, enquanto trotava com passos firmes sobre os cascalhos. A visão da mãe dos maçaricos cintilou os olhos da raposa, que farejou o ar na suspeita de haver filhotes por perto. Barra-Prateada voou até os salgueiros mais distantes da ravina e viu a raposa descobrir as cascas e cheirá-las. Quando a raposa começou a subir a colina da ravina, a fêmea de maçarico-branco voou estrepitosamente em sua direção, tombando sobre o solo, agitando as asas e rastejando sobre os cascalhos, como se estivesse ferida. Durante toda a ação, ela emitiu um som agudo, de alta frequência, como o grito de seus filhotes. A raposa partiu rápido em sua direção. Barra-Prateada ergueu-se rapidamente e voou para o alto da montanha, reaparecendo em outro local, atraindo a atenção da raposa e fazendo-a segui-la. Assim, gradativamente, ela foi conduzindo a raposa para longe do alto da montanha, desviando sua rota para o sul, em direção a uma baixada pantanosa alimentada pela cheia de cursos d'água que vêm do mar para a terra.

Enquanto a raposa trotava pela colina, o falaropo-macho, em seu ninho, ouvia o som baixo – *Plip! Plip! Chis-ic! Chis-ic!* – da fêmea de maçarico-branco, que se defendia da raposa nas proximidades. O macho esgueirou-se silenciosamente para fora do ninho, passando entre os canais forrados de gramíneas que adotara como rotas de fuga, até chegar ao lado da lagoa onde sua fêmea o aguardava. As duas aves partiram para o meio da lagoa e nadaram ansiosamente em círculos, limpando as penas e batendo os longos bicos na água, numa pretensa ação de alimentar-se, até que o ar ficou limpo novamente, sem o odor almiscarado típico das raposas. Uma parte do peito do macho tinha penas desgastadas, indicando que os ovos do casal eclodiriam em breve.

Barra-Prateada, tendo conduzido a raposa para um local suficientemente distante de seus filhotes, circulou pelas planícies da baía, parando alguns minutos para alimentar-se nervosamente na beira da maré salgada. Em seguida, voou rapidamente para a touceira de betônicas, onde estavam os quatro filhotes. A parte inferior daqueles pequenos corpos ainda estava escura por causa da umidade dos ovos, mas logo secaria, assumindo cores acastanhadas, ou tons de couro ou de areia.

Agora, a mãe dos novos maçaricos-brancos sabia, por instinto, que a depressão na tundra, forrada com folhas secas e liquens e moldada à forma de seu peito, não era mais um lugar seguro para os filhotes. Os olhos reluzentes da raposa, a almofada suave de seus pés sobre os xistos e a contorção de seu focinho ao buscar no ar o faro dos filhotes tornaram-se para Barra-Prateada os símbolos de incontáveis perigos, terríveis e inomináveis.

3. Encontro no Ártico

Quando o sol baixou no horizonte a ponto de somente o alto penhasco (onde estava o ninho do falcão-gerifalte) captar e refletir seus raios, Barra-Prateada conduziu seus quatro filhotes para os amplos espaços cinzentos da tundra.

Durante longos dias a fêmea de maçarico-branco, acompanhada dos filhotes, perambulou sobre planícies rochosas e, nas curtas noites frias ou quando súbitas rajadas de chuva batiam sobre os descampados, ela aconchegava as avezinhas sob o corpo. A mãe levou suas crias para as margens dos lagos de água fresca, no qual mobelhas[3] desciam com asas sibilantes para alimentar seus filhotes. Um alimento estranho seria encontrado nas margens dos lagos e na forte turbulência de seus afluentes. Os maçariquinhos-brancos aprenderam a apanhar insetos e a encontrar suas larvas nos córregos. Aprenderam também a pressionar o corpo fortemente contra o chão ao ouvir o grito de alerta de sua mãe, e a permanecer deitados e imóveis entre as pedras até que um guinchado agudo os chamasse para juntar-se a ela. Assim, eles escapavam de gaivotas-rapineiras, corujas e raposas.

Lá pelo sétimo dia depois da eclosão dos ovos, as asas dos filhotes já apresentavam penas com um terço do tamanho definitivo, embora seus corpos permanecessem ainda cobertos com penugem. Depois de outros quatro sóis, as asas e os ombros estavam completamente cobertos de penas. Quando tinham duas semanas de vida, os recém-empenados maçariquinhos já conseguiam voar de uma lagoa a outra com a mãe.

Nessa época, o sol desceu bem mais abaixo da linha do horizonte. O cinzento das noites acentuou-se; as horas do crepúsculo esticaram-se. Quando as flores da tundra deixaram cair suas pétalas, as chuvaradas, que tinham vindo mais amiúde e castigaram com maior violência, deram lugar a chuvas mais brandas. As substâncias nutritivas das sementes – amido e óleos – haviam sido armazenadas para alimentar os preciosos embriões, para os quais fora transferida a imortal substância das plantas parentais. O trabalho do verão estava feito. Pétalas brilhantes para atrair abelhas transportadoras de pólen não eram mais necessárias; portanto, foram descartadas. Não havia mais necessidade de folhas expandidas para captar a luz do sol e associá-la à clorofila, ao ar e à água. Os pigmentos verdes se esvaíram. As plantas se vestiam de tons avermelhados e amarelados; em seguida, os pecíolos secaram, e também as folhas caíram. O verão estava morrendo.

Não demorou muito para que os primeiros pelos brancos aparecessem nos casacos das doninhas e os pelos do caribu começassem a se alongar. Muitos dos

....
3   Aves do gênero *Gavia*. (NT)

maçaricos-brancos, que estiveram reunidos em bandos em torno dos lagos de água fresca, praticamente desde a época em que os filhotinhos começaram a sair dos ovos, já tinham partido para o sul. Entre eles, estava Pé-Negro. Nas planícies da baía cobertas de lama, os jovens maçaricos aglomeraram-se aos milhares; com o recém-descoberto prazer de voar, eles subiam e desciam em disparada sobre o mar tranquilo. Os tentilhões trouxeram seus filhotes do alto da colina para a beira-mar; dia a dia, mais adultos iam embora. Na lagoa perto do local onde Barra-Prateada tinha chocado os ovos, três jovens falaropos agora rodopiavam com os pés membranosos e usavam os bicos para apanhar insetos ao longo da costa. O macho e a fêmea dos falaropos, pais desses jovens, já estavam a centenas de quilômetros a leste dali, ajustando uma rota para o sul, sobre o oceano aberto.

Era um dia de agosto quando Barra-Prateada, que estivera alimentando seus filhotes crescidos na costa da baía, em companhia de outros maçaricos-brancos, de repente elevou-se no ar com duas dezenas de aves mais velhas. Com suas asas cintilantes, longas e alvas, o pequeno bando traçou um amplo círculo sobre a baía. Em seguida, as aves retornaram, gritando alto ao passarem sobre as águas rasas, onde os jovens ainda corriam e exploravam pequenas ondas encrespadas na arrebentação. Então, elas dirigiram as cabeças rumo ao sul e se foram.

Não havia motivo para que as aves parentais permanecessem mais tempo no Ártico. O acasalamento já fora realizado; os ovos tinham sido fielmente cuidados e chocados; os filhotes foram ensinados a encontrar alimento e a abrigar-se dos inimigos, e já conheciam as regras do jogo da vida e da morte. Mais tarde, quando eles fossem suficientemente fortes para encetar a jornada ao sul, pelas linhas costeiras dos dois continentes, as jovens aves seguiriam seu caminho, descobrindo a rota por meio da memória herdada. Por sua vez, os maçaricos-brancos mais velhos sentiam o chamado do agradável calor do sul, que os fazia tomar a rota do sol.

Ao cair da noite naquele dia, enquanto perambulavam com um grupo de outros maçaricos-brancos inexperientes, os quatro filhos de Barra-Prateada chegaram a uma planície interior separada do mar por uma elevação costeira e delimitada ao sul por altas montanhas. A superfície do local era coberta de gramíneas e havia diversas áreas de charco verde-escuro. Os maçaricos-brancos invadiram a planície por meio de um córrego sinuoso e estabeleceram-se ali para passar a noite.

Para os ouvidos dessas aves, toda a planície estava viva, com uma espécie de sussurro ou suave murmúrio, uma agitação incessante. Era semelhante ao som do vento quando sopra através dos pinheiros; contudo, não havia árvore nenhuma sobre os grandes descampados. Parecia o murmúrio de águas passando sobre

3. Encontro no Ártico

pedras no leito de um riacho, quando os seixos atritam-se uns contra os outros; porém, naquela noite de fim de verão, o córrego estava imóvel sob a primeira e finíssima camada de gelo.

O som vinha do movimento de muitas asas, da passagem de vários corpos envolvidos por penas através da baixa vegetação da planície; era também o murmúrio de muitas vozes. Bandos de tarambolas-douradas se reuniam. Vindas de extensas praias marítimas e também da costa da baía parecida com o salto de uma toninha, bem como de todas as tundras e planaltos que se estendiam por quilômetros e quilômetros ao redor dali, as aves de peitos negros e dorsos manchados de dourado agrupavam-se na planície.

O entusiasmo das tarambolas crescia à medida que as sombras envolviam a tundra e a escuridão abrangia todo o mundo ártico, exceto por um brilho ígneo no horizonte, como se o vento agitasse as cinzas das chamas do sol. O som das vozes das aves – em número cada vez maior pela chegada de novos migrantes e em volume crescente à medida que aumentava a excitação do grupo – varria a planície como o vento. Acima do murmúrio geral, elevavam-se, de intervalo a intervalo, os altos gritos trinados dos líderes do bando.

Aproximadamente à meia-noite, o voo teve início. Um primeiro grupo, com cerca de três dezenas de aves, ergueu-se no ar, circundou a planície e rumou em formação de cruzeiro para o sudeste. Novas formações, uma após a outra, armaram as asas e arremeteram, seguindo os líderes e voando sobre a tundra que ondulava abaixo, como um profundo mar purpúreo. Havia vigor, graça e beleza em cada bater de asas pontiagudas; havia força ilimitada para a jornada.

Cui-i-i-i-ah! Cui-i-i-i-ah! – agudos e trêmulos, os chamados dos migrantes vinham nítidos do céu.

Cui-i-i-i-ah! Cui-i-i-i-ah! – cada ave na tundra ouvia o chamado e se agitava em vaga inquietação perante aquela convocação insistente.

Entre os que ouviram o chamado, provavelmente estavam as jovens tarambolas nascidas naquele ano, espalhadas em grupos errantes pela tundra. Mas nenhuma delas juntou-se ao voo das aves mais velhas. Somente algumas semanas depois, sós e sem ninguém para guiá-las, elas empreenderiam a jornada.

Do final da primeira hora em diante, o voo não se organizou mais em pequenos grupos; em vez disso, o bando tornou-se contínuo, num único e enorme ajuntamento. Um grande rio de aves corria pelo céu, diminuindo à medida que fluía para o sudeste, sobrevoando os descampados e a cabeceira da baía, na parte setentrional do continente; seguia sempre avante por céus que clareavam com a chegada de outro dia.

Algumas pessoas diziam que há tempos não se via tamanho grupo de tarambolas-douradas em voo. O padre Nicollet, velho religioso em missão na costa ocidental da baía de Hudson, declarou que aquela migração o fazia lembrar-se dos grandes voos que presenciara em sua juventude, antes de os caçadores reduzirem os bandos de tarambolas a uma pequena fração de sua antiga formação. Esquimós, caçadores e comerciantes elevaram os olhos ao céu matutino para observar o último voo que cruzava a baía e desaparecia ao leste.

Em algum lugar em meio ao nevoeiro que estava adiante desses espectadores, ficavam as costas rochosas de Labrador, forradas com arbustos de *Empetrum* carregados de frutos cor de púrpura. Mais além, estavam as planícies da Nova Escócia, para onde as aves lentamente avançaram, vindas de Labrador. Elas alimentaram-se desses frutos e também de besouros, lagartas e mexilhões; desse modo, engordaram e estocaram energia para o trabalho de seus ativos músculos.

Mas logo viria o dia em que os bandos novamente subiriam alto no céu, dessa vez a fim de migrar para o sul, no horizonte nublado em que o firmamento encontra o mar. Na direção meridional, eles seguiriam uma rota de 3 mil quilômetros sobre o oceano, da Nova Escócia até a América do Sul. Voando rápido e baixo, próximo à água – como fazem os que conhecem bem o caminho e não se deixam deter por nada –, seriam vistos por homens em barcos em alto-mar.

Depois de algumas semanas, talvez muitas tarambolas perecessem. Algumas, idosas ou doentes, abandonariam a caravana e se arrastariam para algum local solitário a fim de morrer; outras seriam atingidas pela bala de algum caçador que infringia a lei pelo simples prazer de interromper, em pleno voo, uma brava e pulsante chama de vida; outras, talvez, cairiam exaustas no mar. Mas não se via nenhum sinal de fracasso ou desastre no cortejo que avançava com doces flauteios através do céu setentrional. Naquelas aves ardia mais uma vez a febre da jornada migratória, consumindo com suas chamas todos os outros desejos e paixões.

4. Final de verão

SETEMBRO CHEGOU antes que os maçaricos-brancos, já envoltos em plumagem que se tornava alva, corressem novamente sobre a praia da ilha ou caçassem caranguejos na maré baixa em Ship's Shoal. Seu voo, desde as tundras do norte, tinha sido interrompido por muitas paradas para alimentação nas amplas planícies cobertas de lama das baías de Hudson e James e nas praias oceânicas ao sul da Nova Inglaterra. Em sua migração de outono, as aves não tinham pressa, pois a urgência que as movera para o norte na primavera havia sido superada. De acordo com os ditames dos ventos e do sol, elas migraram para o sul; o bando ora crescia, quando outras aves vindas do norte a ele se juntavam, ora diminuía, pois muitos migrantes, encontrando seu costumeiro lar para a estada de inverno, abandonavam o grupo. Apenas a franja da grande onda de aves marítimas avançaria ininterruptamente para a parte mais extrema da América do Sul.

Quando os gritos das aves marítimas que retornavam elevavam-se novamente sobre a borda espumosa das ondas e os assobios dos maçaricos soavam de novo nos pântanos salgados, havia outros sinais do final de verão. Em setembro, as enguias da região do canal tinham começado a migrar em direção ao mar; elas descem pelos regatos das colinas e planaltos cobertos de gramíneas. Vinham de pântanos de ciprestes, onde ficavam as cabeceiras dos rios de águas escuras. Moviam-se através da planície de maré que ocupava a distância de seis grandes passos até o mar. Nos estuários e canais, elas juntavam-se a outras enguias que se tornariam as suas parceiras no acasalamento. Em breve, em trajes nupciais prateados, elas seguiriam as marés baixas em direção ao mar, até se perderem nas escuras profundidades abissais do oceano médio.

Em setembro, os sáveis jovens, provindos de ovos depositados nos rios e nos córregos durante a desova da primavera, deslocavam-se para o mar. De início, eles se moviam lentamente nas correntes mais volumosas, à medida que os rios de águas lentas iam se alargando em direção aos estuários. Logo, porém, a velocidade do pequeno peixe, menor que um dedo humano, aumentaria em virtude da queda das chuvas e da mudança dos ventos, fenômenos que esfriariam a água e provocariam o deslocamento do peixe para o oceano, de maior temperatura.

Em setembro, os jovens camarões da última eclosão da estação estavam a caminho; eles vinham do alto-mar e invadiam os canais por pequenos cursos d'água. Sua chegada era o símbolo de outra jornada que nenhum ser humano havia presenciado ou seria capaz de descrever: a migração feita semanas antes pela geração de camarões que os precedeu. Ao longo de toda a primavera e todo o verão, mais e mais camarões adultos, que chegaram à maturidade ao completar um ano de vida, deixaram as águas costeiras, saindo da plataforma continental e descendo pelos declives dos vales submarinos. Eles nunca retornariam dessa jornada, mas seus descendentes, depois de várias semanas de vida oceânica, seriam levados pelo mar em direção às águas protegidas. Durante todo o verão e o outono, os camarões-bebês foram trazidos para o interior de canais e estuários; eles vinham à procura de bancos de areia de temperatura mais amena, onde a água salgada recobre um fundo lamacento. Nesse local, eles nutriram-se vorazmente com abundante alimento e, entre as numerosas zosteras que forravam o fundo, encontraram proteção contra peixes famintos. Crescendo rapidamente, os jovens camarões retornaram mais uma vez ao mar, em busca de águas frias e ritmos mais intensos. Mesmo quando o mais jovem camarão da última eclosão da temporada chegava pelos braços de mar a cada maré cheia de setembro, os maiores daqueles camarões jovens já se moviam pelos canais em direção ao mar.

Em setembro, as panículas[1] das aveias-do-mar nas dunas tinham assumido uma coloração marrom-dourada. Com a incidência da luz do sol, a superfície dos pântanos resplandecia com os suaves tons esverdeados e acastanhados das espartinas, as quentes tonalidades púrpuras dos juncos e as cores escarlates das salicórnias. Os liquidâmbares pareciam lampejos de fogo espalhados nos pântanos que margeavam os rios. Os aromas penetrantes do outono pairavam sobre

---

1 Tipo de inflorescência de gramíneas; é a espiga que se encontra, por exemplo, nas plantas de arroz. (NT)

4. Final de verão

as planícies úmidas. Ao passar sobre os charcos mornos, o ar transformava-se em névoa, ocultando dos olhos dos falcões não só as garças, que se postavam na grama ao amanhecer, como também os ratos-do-mato. Os ratos corriam ao longo de trilhas que eles mesmos haviam feito nos charcos, baixando pacientemente milhares de hastes de gramíneas. A névoa também escondia nos canais os cardumes de peixes-rei, protegendo-os da perseguição das andorinhas-do-mar que pairavam sobre águas ondulantes e só conseguiam apanhar os peixes depois que o calor do sol desfizesse a bruma.

O ar frio da noite trouxe inquietude a boa parte dos peixes que se espalhavam por todo o canal. Eram peixes de cor cinzenta como o aço, com grandes escamas e em cujo dorso havia uma nadadeira de quatro espinhos, a qual se parecia com uma vela de barco. Tratava-se de tainhas que viveram todo o verão no canal e no estuário, perambulando solitárias entre as zosteras, alimentando-se de fragmentos de plantas e de animais no fundo lamacento. Mas em todos os outonos as tainhas deixavam o canal e faziam uma longa viagem pelo mar; durante a jornada, elas originavam uma nova geração de sua espécie. Assim, o primeiro ar frio do outono incitou nos peixes o sentimento do ritmo marinho e despertou neles o instinto da migração.

As águas geladas e os ciclos das marés do final de verão também convocaram muitos dos jovens peixes da região do canal para o retorno ao mar. Entre eles estavam pampos, tainhas, peixes-rei e pequenos ciprinodontes, que viviam na Lagoa das Tainhas, onde as dunas da ilha fronteiriça desciam em declive até Ship's Shoal. Esses peixes haviam sido desovados no mar, mas tiveram acesso à lagoa através de um canal temporário, algum tempo antes, naquele ano.

Num dia em que a lua cheia do outono navegava como um alvo balão pelo céu, as marés, que tinham se fortalecido com o crescimento e o arredondamento da lua, começaram a formar um braço de mar que avançava praia adentro até a lagoa. Somente nas marés mais fortes a preguiçosa lagoa recebia água do oceano. Os golpes das ondas e o forte empuxo, que sugava para o mar as areias mais soltas, haviam encontrado um ponto fraco na praia, onde um pequeno canal se formara antes. Em tempo inferior ao que uma lancha de pesca levava para ir das docas do continente até os bancos de areia, uma estreita passagem de água foi aberta até a lagoa. Com menos de 4 metros de largura, a passagem formava um gargalo para o interior do qual as ondas rolavam ao baterem contra a praia. A água subia e corria aceleradamente, como as torrentes que movem moinhos, silvando e espumando. Onda após onda invadia a passagem em direção à lagoa. Elas cavavam e formavam um fundo enrugado e irregular, sobre o qual a água saltava e deslizava. As ondas espalharam-se pelos pântanos que ficavam atrás da lagoa, infiltrando-se silenciosa e sorrateiramente entre as hastes das gramíneas e os pecíolos das salicórnias, que agora se avermelhavam. Os pântanos eram invadidos pelas espumas amarronzadas das ondas. A espuma arenosa preenchia tão estreitamente os espaços entre os talos das gramíneas que o pântano parecia uma praia densamente povoada por ervas baixas; na verdade, 30 centímetros dessas ervas ficavam imersos na água, e apenas o terço superior das hastes era visível acima da espuma.

Acelerando e lançando-se adiante, espumando e turbilhonando, a cheia invasora libertou miríades de pequenos peixes que estiveram aprisionados na lagoa. Aos milhares, agora eles fluíam para fora da lagoa e dos pântanos, correndo em insana confusão para chegar à água fria e clara. Em seu entusiasmo, deixavam que a cheia os pegasse, arremessasse e revirasse diversas vezes seguidas. Chegando à metade da passagem recém-aberta, eles saltavam alto no ar, repetidamente, lançando lampejos de um prateado vivo, como um enxame de insetos cintilantes que subiam e desciam sem parar. Ali, a correnteza os recolheu e os lançou no mar com ímpeto selvagem, de modo que muitos foram apanhados e mantidos nas cristas das ondas, com as caudas voltadas para cima; eles lutavam inutilmente contra o poder das águas. Quando finalmente as ondas os liberaram, eles correram para o oceano, onde encontraram outra vez os fundos arenosos e as águas verdes e frescas.

A pergunta que se fazia era como a lagoa e os pântanos tinham conseguido retê-los. Avante eles se foram, cardume após cardume, brilhando reluzentes entre as ervas dos charcos, agitados e saltando para fora da lagoa. Por mais de uma hora o êxodo se manteve, com raros intervalos entre os cardumes em fuga. Talvez muitos deles tivessem chegado com a última maré mais forte da primavera, ocasião em que a lua era uma figura prateada no céu. Agora, ela havia se avolumado e assumido a forma esférica; outra maré viva, impetuosa, alegre e barulhenta chamava-os de volta ao mar.

E para lá eles seguiram, cruzando a linha da arrebentação, onde ondas cobertas de branco tombavam. Foram-se, muitos deles, passando pelas verdes e suaves ondulações, diretamente para a segunda linha de ondas, onde bancos de areia bloqueavam as vagas vindas do alto-mar e as esparramavam numa tumultuada brancura. Mas havia andorinhas-do-mar pescando acima das ondas; por isso, milhares de pequenos migrantes não conseguiram avançar além dos portais do mar.

Então, vieram dias em que o céu esteve cinzento como o dorso de uma tainha, com nuvens semelhantes à névoa espargida pelas ondas. O vento, que durante todo o verão soprara do sudoeste, começou a mudar para o norte. Em ma-

4. Final de verão

nhãs como essas, grandes tainhas podiam ser vistas saltando no estuário e sobre as ondas do canal. Nas praias oceânicas, barcos de pescadores estavam sobre a areia, todos com altas pilhas de redes. Os homens estavam de pé na praia, fitando a água e esperando pacientemente. Eles sabiam que àquela época as tainhas se juntavam em cardumes em todo o canal, por causa da mudança de clima, e que logo esses grupos correriam pelo braço de mar – antes que o vento o fizesse – e seguiriam ao longo da costa. Eles mantinham, como recomendavam os pescadores de uma geração a outra, "o olho direito voltado para a praia". Outras tainhas viriam dos canais situados ao norte, e outras ainda chegariam da passagem externa, seguindo a cadeia de ilhas fronteiriças. Os pescadores aguardavam, confiantes na sabedoria de suas muitas gerações antepassadas, adquirida pela experiência na pesca; também os barcos aguardavam, com as redes ainda vazias.

Outros pescadores, além dos homens, esperavam o deslocamento das tainhas. Entre eles, estava Pandion, a águia-pescadora, vista todos os dias pelos pescadores de tainhas, quando flutuava como uma pequena nuvem escura, traçando amplos círculos no céu. Para passar o tempo enquanto permaneciam vigilantes na praia do canal ou entre as dunas, os pescadores faziam apostas sobre o instante em que a águia mergulharia.

Pandion tinha um ninho num pequeno bosque de pinheiro-americano,[2] na margem do rio, a uns 5 quilômetros dali. Ele e sua parceira haviam cuidado dos ovos e criado três filhotes naquela estação. Inicialmente, os filhotes foram cobertos por uma penugem que tinha a cor de galhos de árvores em decomposição; agora, eles já tinham penas nas asas. Haviam partido para pescar por conta própria, mas Pandion e sua companheira, ambos fiéis um ao outro por toda a vida, continuavam a viver no ninho que vinham usando ano após ano.

A base do ninho media 1,80 metro de diâmetro, e a parte de cima tinha mais da metade desse tamanho. Nenhuma carroça puxada por mulas nas estradas poeirentas dos arredores do canal comportaria tanto volume. As duas águias-pescadoras haviam feito reparos no ninho; ao longo de anos, adicionaram a ele tudo o que achavam de material levado às praias pelas marés. Agora, praticamente todo o topo de um pinheiro de 12 metros de altura servia de suporte para o ninho; o elevado peso de gravetos, galhos e pedaços de torrões com grama tinha matado quase todos os ramos do pinheiro que suportavam o ninho. No decorrer dos anos, as águias tinham acomodado dentro desse abrigo uma rede de pesca de 6 metros

....
2   *Pinus taeda*. (NT)

com cordas, apanhada na costa do canal; além disso, havia cerca de doze flutuadores de cortiça usados em equipamentos de pesca, muitas conchas de mexilhões e ostras, parte do esqueleto de uma águia, fios parecidos com os de pergaminho (retirados de cascas de ovos de moluscos), um remo quebrado, parte de um barco de pescadores e emaranhados de algas marinhas.

Nas camadas inferiores da enorme construção que pendia do alto, pequenas aves encontraram lugar para seus próprios ninhos. Naquele verão, moraram ali três famílias de pardais, quatro de estorninhos e uma de carriças da Carolina. Na primavera, uma coruja se alojara ali; noutra ocasião, uma garça-verde fez o mesmo. Pandion tolerou esses inquilinos sem se zangar.

Após o terceiro dia de tempo frio e cinzento, o sol apareceu entre as nuvens. Observado pelos pescadores de tainhas, Pandion flutuou, com suas amplas asas, elevando-se sobre as massas de ar mais brandas que pareciam tremular sobre a água muito abaixo dele, a qual era como seda ondulando numa brisa. As andorinhas-do-mar e os talha-mares que repousavam nos bancos de areia do canal pareciam do tamanho de tordos. Os dorsos negros e reluzentes de um grupo de golfinhos, mergulhando e girando, moviam-se como uma serpente sobre a superfície das águas do canal. Os olhos cor de âmbar de Pandion cintilaram quando uma raia de cauda longa saltou três vezes, mergulhando com um forte estrépito e levantando gotículas que foram dispersas pelo vento.

Uma sombra se formou na superfície verde das águas sobrevoadas pela águia-pescadora. O teto do mar se encrespou quando um peixe assomou com o focinho para cima. Sessenta metros abaixo da águia, Mugil, a tainha que salta com frequência para fora da água, reuniu todas as suas forças e alçou-se no ar entusiasmada. Quando estava flexionando os músculos para o terceiro salto, um vulto escuro desceu célere do céu com firmes garras que a detiveram. A tainha pesava mais de 500 gramas, mas Pandion carregou-a facilmente, levando-a sobre o canal, em direção ao seu ninho a 5 quilômetros dali.

Voando rio acima a partir do estuário, a águia-pescadora carregava o peixe nas garras. Aproximando-se do ninho, o macho relaxou a pressão do pé esquerdo sobre o peixe e controlou o voo, pousando sobre os ramos mais externos do ninho, com o peixe ainda preso ao pé direito. Pandion deteve-se comendo o peixe por mais de meia hora; quando sua parceira se aproximou, ele inclinou-se sobre a tainha e dirigiu silvos ameaçadores à companheira. Agora que o acasalamento estava feito, cada ave deveria pescar por sua própria conta.

Mais tarde naquele dia, ao retornar para a desembocadura do rio, Pandion desceu para perto da água; no espaço normalmente percorrido por uma dúzia de

4. Final de verão

batimentos das asas, ele arrastou os pés na água do rio, para limpá-los do limo de restos de peixe que neles se havia aderido.

No retorno ao ninho, Pandion foi visto pelos olhos aguçados de uma grande ave marrom, pousada em um dos pinheiros na margem ocidental do rio, sobre os pântanos do estuário. Ponta-Branca, a águia-calva, vivia como pirata: nunca se esforçava para pescar quando podia roubar peixes de águias-pescadoras no território do canal. Quando Pandion passou sobre o canal, a águia-calva seguiu-o, voando numa altitude bem acima dele.

Por uma hora, dois vultos escuros formaram círculos no céu. Então, de sua posição, Ponta-Branca viu o corpo da águia-pescadora minguar subitamente para o tamanho de um pardal, ao despencar em queda vertical; viu também uma branca névoa elevar-se da água, enquanto a águia desaparecia. Após trinta segundos, Pandion emergiu da água, subindo cerca de 15 metros em linha reta, fazendo movimentos curtos e firmes com as asas; em seguida, ele tomou o rumo da desembocadura do rio.

Observando-o, Ponta-Branca sabia que a águia-pescadora conseguira um peixe e que o estava levando para o ninho sobre um pinheiro. Com um grito agudo que desceu do céu até os ouvidos da águia-pescadora, a águia-calva rodopiou em sua perseguição, mantendo altitude de 300 metros acima de Pandion.

A águia-pescadora também gritou, manifestando perturbação e redobrando a força das asas, num empenho para chegar ao topo dos pinheiros antes do ataque de seu molestador. A velocidade da águia-pescadora não podia ser maior, em virtude do peso do peixe-gato que ela carregava e da batalha convulsiva que a presa travava, aprisionada em suas fortes garras.

Partindo do estuário, entre a ilha e o continente, após alguns minutos de voo, a águia-calva conseguiu ficar exatamente acima da águia-pescadora. Com as asas semifechadas, Ponta-Branca baixou em velocidade alucinante. O vento sibilava entre suas penas. Ao passar pela águia-pescadora, rodopiou no ar, deixando o dorso voltado para a água e, mostrando as garras para o ataque. Pandion esquivou-se e contorceu-se, evitando as oito arqueadas cimitarras. Antes que Ponta-Branca pudesse se recuperar, Pandion já estava 60, depois 150 metros acima. A águia-calva arremeteu em nova perseguição, ultrapassando Pandion no ar. Mas antes de começar o ataque, a águia-pescadora, em outro esforço para ganhar altura, superou a posição do inimigo.

Enquanto isso, as funções vitais do peixe iam se exaurindo pela ausência de água; sua luta cessou e ele ficou imóvel. Como um nevoeiro a cobrir uma superfície vítrea, uma película embaçou seus olhos. Logo, os tons verdes e dourados iridescentes que, em vida, tornavam seu corpo uma obra de beleza admirável, perderam o brilho, desvanecendo.

Em arremetidas alternadas, para cima e para baixo, as duas águias alcançaram elevada altitude nas regiões vazias do ar, que nada tinham a ver com o mundo formado pelo canal, bancos de águas rasas e alvas areias.

Tchip! Tchip! Tchizic! Tchizic! – gritava Pandion, frenético.

No instante em que ele escapou por pouco do último ataque das garras de Ponta-Branca, uma dúzia de penas alvas foi arrancada de seu peito; as penas flutuaram, descendo lentamente. De súbito, a águia-pescadora recolheu as asas com força e despencou como uma pedra em direção à água. O vento, que bramia em seus ouvidos e quase a cegava, comprimia suas penas, enquanto o canal rapidamente se aproximava. Mas, de cima, o persistente vulto escuro caía ainda mais rápido do que Pandion. Acabou alcançando-o, enquanto os barcos no canal cresciam como gaivotas flutuantes. A águia-calva rodopiou e arrancou o peixe das garras que o retinham.

Ponta-Branca carregou o peixe até empoleirar-se num pinheiro e despedaçar o animal, separando carne de ossos. No momento em que a águia-calva ali chegou, Pandion batia pesadamente suas asas sobre a baía, dirigindo-se para novos locais de pesca no mar.

5. Ventos soprando para o mar

NA MANHÃ SEGUINTE, o vento norte rompia as cristas das ondas que chegavam à barra, de modo que cada uma deixava em seu rastro uma névoa pesada de gotículas de água. Tainhas saltavam no canal, excitadas pela mudança de vento. No raso estuário do rio e sobre muitos bancos do canal, os peixes sentiam o súbito resfriamento da água causado pelo ar que se movia sobre ela. As tainhas começaram a buscar regiões mais profundas, que mantinham o calor do sol. Vindas de todas as partes, elas se juntavam em grandes cardumes, movendo-se pelos canais afluentes do braço de mar, que funcionava com um portal para o oceano aberto.

Antes que o vento soprasse do norte, passando rio abaixo, os peixes dirigiam-se ao estuário. Antes que ele soprasse cruzando o canal na direção da baía, os peixes tomavam o rumo do mar.

A maré baixa carregava as tainhas por regiões mais profundas, verdes e escuras, e sobre o fundo arenoso do canal; as águas eram desprovidas de seres vivos, por causa das fortes correntes que passavam rápidas todos os dias, duas vezes para o mar, duas vezes para a terra. Enquanto se moviam, a superfície era quebrada em mil facetas cintilantes que brilhavam com o tom dourado do sol. Uma após outra, as tainhas elevavam-se para o reluzente teto do canal. Uma após outra, elas flexionavam seus corpos num rápido movimento, juntando todas as forças para um salto no ar.

Partindo com a maré, as tainhas passaram por um longo e estreito cabo arenoso chamado Banco das Gaivotas-Argênteas, onde uma murada de grandes pedras foi construída no curso do canal para evitar a invasão da areia trazida pelo mar. Talos túrgidos e verdes de algas marinhas ligavam-se por apressórios às pedras esbranquiçadas por incrustações de ostras e cracas. Da sombra de uma das pedras do quebra-mar, um par de olhos pequenos e mal-intencionados observava as tainhas seguirem em direção ao oceano. Ele pertencia a uma enguia-do-mar (congro) que pesava 7 quilos e vivia entre as rochas. O robusto animal se alimentava de cardumes de peixes que perambulavam ao longo da escura muralha do quebra-mar; durante as refeições, o congro arremessava-se para fora da caverna sombria a fim reter as presas em suas mandíbulas.

Na camada superior de água, 4 metros acima do nível em que nadavam as tainhas, cardumes de peixes-rei moviam-se organizadamente, cada peixinho convertendo-se em um ponto refletor de luz solar. De tempos em tempos, muitos deles saltavam para fora da água, rompendo completamente a película da superfície do mundo dos peixes e caindo de volta como pingos de chuva, primeiro golpeando e em seguida perfurando a firme camada entre o ar e a água.

Após passar por uma dúzia de cabos arenosos do canal, cada um com sua pequena colônia de gaivotas em repouso, a maré apanhou as tainhas. Duas gaivotas procuravam animadamente mexilhões *Macrocallista* semicobertos pela areia úmida e instalados numa velha rocha. Essa era formada pelo acúmulo de conchas, entre as quais o mar depositava limo, areia e, nas marés baixas, sementes de gramíneas dos pântanos, que acabariam por segurar o solo. Assim, a formação rochosa ia, aos poucos, tornando-se uma ilha. Ao encontrar os mexilhões, as gaivotas lascavam-lhes as conchas pesadas e vítreas, raiadas com faixas de cor castanho--amarelada e lilás. Depois de muito golpear com seus fortes bicos, as gaivotas eram capazes de romper as conchas e comer os corpos tenros dos mexilhões.

As tainhas seguiam sua rota. Elas já tinham alcançado a região além da grande boia do canal, que estava inclinada para o mar por causa da pressão da maré. O suporte de ferro da boia subia e descia – acompanhando o ritmo da água –, e a música de sua garganta metálica tomava nova tonalidade e ritmo conforme as mudanças de humor do mar. A boia da baía representava, por si só, um universo harmônico, girando nas águas do canal. Ela marcava as marés baixas e altas, que vinham alternadamente. A boia subia com a passagem das ondas e rolava em seus vales.

A boia, cuja pintura não era raspada nem reparada desde a última primavera, estava recoberta por uma espessa crosta de conchas de cracas, mexilhões, ascídias (parecidas com bexigas) e manchas musciformes de briozoários. Depósitos de areia, limo e verdes fios de algas tinham se estabelecido em muitas fendas entre as conchas e em meio às estruturas de fixação da densa cobertura de animais,

5. Ventos soprando para o mar

parecidas com raízes. Sobre essa abundante comunidade viva – e imiscuindo-se nela –, animais chamados anfípodes, com corpo esguio protegido por carapaça articulada, subiam e desciam numa interminável busca por alimento. Estrelas-do-mar passavam sobre ostras e mexilhões, predando-os; para isso, usavam suas fortes pernas dotadas de ventosas discoides para agarrar as conchas e forçá-las a se abrirem. Entre as conchas, as pequeninas anêmonas-do-mar, que parecem florzinhas, abriam-se e fechavam-se, espalhando seus tentáculos carnosos para apanhar alimento da água. A maioria das vinte ou mais espécies de animais marinhos que viviam sobre a boia tinham chegado a ela meses antes, durante a estação em que as águas do canal e da baía fervilhavam de larvas. Muitas dessas miríades de seres, mais frágeis que o vidro e transparentes como ele, estavam destinadas a morrer ainda na infância, a não ser que encontrassem um sólido local de fixação. Os que casualmente chegaram ao volumoso corpo da boia fixaram-se a ela com fluidos de adesão secretados por seus próprios corpos, ou por meio de filamentos de bisso ou com apressórios. Permaneceriam por toda a vida sobre a boia, constituindo um verdadeiro mundo oscilante, girando no espaço aquoso.

Dentro da baía, o canal alargava-se, e a água verde pálida ficava escura com as ondas carregadas de areia solta. Por sua vez, as tainhas avançavam. O murmúrio e o ronco alvoroçado do mar cresciam. Com seus flancos sensíveis, os peixes percebiam a pesada agitação marítima e o golpear de suas vibrações. O pulsar desigual das águas marinhas era causado pela presença da longa barra próxima à costa, onde as ondas espumavam, formando uma camada branca na superfície. Agora, as tainhas cruzavam o canal e sentiam os ritmos mais longos do mar – a elevação, o súbito erguer e descer das ondas que vinham do Atlântico profundo. Fora da primeira linha de arrebentação, as tainhas saltavam nas ondas mais altas. Uma após outra, elas nadavam para cima até a superfície e pulavam, formando uma nuvem de respingos e retomando seu lugar no cardume em movimento.

O vigia postado numa alta duna sobre a baía viu as primeiras tainhas deixarem o canal. Com olhar aguçado pela experiência, ele estimou o tamanho e a velocidade do cardume pelos jorros de respingos quando os peixes pulavam. Embora três botes tripulados estivessem aguardando na praia, ele não deu sinal sobre a passagem das primeiras tainhas. A maré ainda estava na fase baixa; o empuxo da água voltava-se para o mar, e, portanto, as redes não poderiam ser puxadas no sentido contrário.

As dunas são locais de ventos altos, montes de areia que se deslocam, névoas de gotículas salinas e sol. Naquele momento, o vento vinha do norte. Nos vales das formações arenosas, as gramíneas da praia dobravam-se com a pressão do vento e, com os ápices das folhas, traçavam círculos intermináveis na areia. Da praia da barra, o vento apanhava a areia solta e a carregava em direção ao mar numa névoa esbranquiçada. A distância, o ar sobre os bancos de areia parecia obscurecido, como se uma leve neblina subisse do solo.

Os pescadores nos bancos não viam a nuvem de areia; eles sentiam o desconforto dos pequenos grãos ferindo-lhes os olhos e a face e depositando-se em seus cabelos e roupas. Os homens ataram lenços sobre a face e vestiram bonés com longas viseiras, forçando-as bem para baixo na testa. Um vento do norte significa areia soprando sobre o rosto e mares encrespados sob a quilha do barco; mas ele significa também a chegada das tainhas.

O sol batia forte sobre os homens que se postavam na praia. Algumas mulheres e crianças também estavam ali, para ajudá-los com as cordas. As crianças, descalças, passavam pelas pequenas lagoas deixadas sobre as depressões na areia bastante ondulada.

Quando a maré voltou, um dos barcos foi empurrado em direção ao mar entre as ondas da arrebentação, para que estivesse pronto assim que os peixes chegassem. Não é fácil lançar um barco em mar tão agitado. Os homens tomaram seus devidos lugares na embarcação, como se fossem peças de uma máquina. O barco foi endireitado e oscilou sobre as ondas verdes. Passada a arrebentação, os tripulantes mantiveram os remos a postos. O capitão ficou na proa, com os braços cruzados, os músculos da perna flexionando-se com o sobe e desce do barco, os olhos fixos na água, mirando a baía.

Em algum lugar daquelas águas verdes estariam os peixes — centenas, milhares deles. Em breve, eles ficariam ao alcance das redes. Soprando o vento norte, as tainhas correm adiante, para fora do canal, avançando ao longo da costa, do mesmo modo que vêm fazendo há milhares e milhares de anos.

Meia dúzia de gaivotas gritam acima da água, com sons que parecem o miado de gatos. Isso significa que as tainhas estão chegando. As gaivotas não se interessam por elas; elas querem os pequenos vairões que correm alarmados quando peixes maiores passam pelas águas rasas. As tainhas seguem para o mar e passam pela arrebentação, viajando tão rápido quanto a velocidade de um homem que anda pela praia. O vigia que tinha localizado o cardume dirige-se ao barco e fica em posição oposta à dos peixes, assinalando, com movimentos de braços, a rota do cardume aos tripulantes.

Os homens firmaram os pés nos bancos do barco, movimentando com firmeza os remos e movendo a embarcação num amplo semicírculo. A pesada

5. Ventos soprando para o mar

rede de corda foi cuidadosa e silenciosamente lançada na água a partir da proa; as boias de cortiça flutuaram no sulco de água deixado pelo barco. Uma das extremidades da rede era segurada por meia dúzia de homens na praia.

Havia tainhas ao redor de todo o barco. Elas cortavam a superfície com suas nadadeiras dorsais, saltavam e caíam de volta na água. Os homens inclinavam-se mais fortemente sobre os remos, forçando em direção à costa para fechar a rede antes que o cardume escapasse. Quando estavam na última linha das ondas e em uma profundidade não maior do que a altura dos quadris, eles pularam na água e conduziram o barco com as mãos até a praia.

As águas rasas nas quais as tainhas nadavam eram de um verde pálido, translúcido, escuras por causa da areia, suspensa pelas ondas. As tainhas estavam excitadas com o retorno ao mar de águas frias e salgadas. Sob o impulso poderoso do instinto, elas moviam-se em conjunto naquela primeira fase de uma jornada que as levaria para muito longe dos bancos costeiros, rumo aos portais escuros do mar mais profundo.

Na trilha seguida por esses peixes, uma sombra surge na água verde iluminada pelo sol. De início, parece uma indistinta cortina cinzenta, mas logo revela-se uma teia de barras delgadas. Hesitante, a primeira tainha a colidir com a rede usa as nadadeiras para recuar. Outros peixes atrás dela vão se aglomerando, impedidos de avançar. Quando as primeiras ondas de pânico passam de peixe para peixe, eles disparam em direção à costa, procurando um caminho para escapar. As cordas empunhadas pelos pescadores na praia são puxadas de modo que a teia da rede fique muito pouco abaixo da água, a fim de que os peixes não consigam nadar. Eles correm de volta para o mar, mas encontram o círculo da rede, que vai ficando cada vez mais estreito. Enquanto isso, os homens na praia, com água pelos joelhos, apoiam-se uns nos outros sobre a areia que cede sob seus pés; eles puxam as cordas, vencendo o peso da água e a força dos peixes.

À medida que a rede é fechada e gradualmente puxada para a praia, aumenta a pressão dos peixes contra a malha. Lutando com esforços frenéticos para encontrar um meio de escapar, as tainhas pressionam com a força combinada de milhares de quilos contra o arco da rede. O impulso dos peixes ergue a rede; alguns animais atritam a barriga na areia enquanto escapam sob a trama de fios e correm para a água mais funda. Os homens, atentos a todo movimento da rede, sentem que ela se ergueu e sabem que estão perdendo peixes. Esforçam-se ao máximo, até que os músculos começam a falhar, e as costas, a doer. Meia dúzia de homens avançam mar adentro até que a água lhes chegue ao queixo; eles lutam contra as ondas, na tentativa de ligar à rede linhas de sonda chumbadas, a fim de mantê-la no fundo. Mas o círculo externo das boias de cortiça da rede ainda está a uma distância de meia dúzia de barcos.

De repente, todo o cardume vem para cima. Num tumulto de peixes agitados e água espirrada para todos os lados, centenas de tainhas pulam sobre a linha de cortiças. Elas se lançam contra os homens, que voltam as costas à chuva de peixes que os assalta. Os pescadores lutam desesperadamente para levantar a linha com as cortiças acima da água e forçar os peixes a caírem de volta no círculo da rede. Agora, as cordas ligadas às linhas de sonda de chumbo são puxadas mais rapidamente e a rede assume a forma de uma bolsa enorme e alongada, inchada com os peixes em seu interior. A bolsa é finalmente puxada para o limite da arrebentação; ouvem-se estalidos, como muitas mãos batendo palmas: são milhares de tainhas debatendo-se sobre a areia, com a fúria de suas últimas forças.

Os pescadores trabalham depressa para retirar as tainhas da rede e lançá-las nos barcos ali perto. Com hábil sacudida na rede, eles jogam sobre a praia os pequenos peixes que ficaram presos pelas guelras na malha de cordas. São jovens trutas-marinhas, pampos, tainhas da desova do último ano, cavalas, sargos-de-dente e garoupas.

Em breve, os corpos desses jovens peixes – pequenos demais para venda ou consumo – se transformarão em resíduos na região acima da linha da água; a vida se esvairá deles por falta de meios para atravessar uns poucos metros de areia seca e retornar ao oceano. Alguns desses pequenos corpos serão levados mais tarde pelo mar; outros permanecerão além do alcance das marés, em meio ao refugo formado por pedaços de algas, aveias-do-mar e conchas. Assim, infalivelmente, o mar provê material para os caçadores dos limites das marés.

Depois de fazer outros dois arrastões, quando a maré se aproximava da fase máxima de cheia, os pescadores partiram com os barcos carregados. Então, as gaivotas chegaram, vindas dos bancos mais distantes; sua cor branca contrastava com o acinzentado do mar, e elas banquetearam-se com os peixes. Enquanto as gaivotas disputavam o alimento, duas aves menores, com plumagem negra e lustrosa, caminhavam cautelosamente entre elas, arrastando peixes para mais longe do mar, a fim de devorá-los mais tarde. Eram indivíduos de *Corvus ossifragus*, que buscam alimento na beira-mar, onde pegam caranguejos e camarões mortos, além de outros resíduos deixados pelas ondas. Depois do crepúsculo, os caranguejos-fantasmas viriam em legiões, saindo de seus abrigos em buracos na areia para enxamear sobre o lixo, removendo os últimos vestígios de peixe. Novamente, as pulgas-da-areia se juntariam a eles e tratariam de transferir para seus corpos o material dos cadáveres dos peixes. De fato, no mar nada é perdido. A morte de uma criatura permite que outra viva, e os preciosos elementos da vida vão sendo transferidos vez após outra, numa cadeia infinita.

Durante toda a noite, enquanto as luzes na vila dos pescadores apagavam-se sucessivamente, e os pescadores reuniam-se ao redor de fogareiros por causa do frio do vento norte, tainhas passaram pela baía sem serem molestadas. Elas corriam para o oeste e para o sul, ao longo da costa, através de águas escuras sobre as quais as cristas das ondas eram como gigantescas nadadeiras de peixes, brilhando como prata ao luar.

LIVRO 2
O CAMINHO
DA GAIVOTA

6. Migrantes do mar primaveril

ENTRE OS CABOS da baía de Chesapeake e o cotovelo do cabo Cod, o local onde o continente termina e o verdadeiro mar começa fica entre 80 e 150 quilômetros distante das linhas das marés. O que marca a transição para o mar de verdade não é exatamente a distância até a costa, mas a profundidade. Onde quer que o suave declínio do fundo do mar receba o peso de 180 metros de coluna d'água, ele subitamente começa a descer com escarpas e quedas abruptas, deixando de uma vez a obscuridade e adentrando trevas absolutas.

Na opacidade azulada do limite da plataforma continental, os cardumes de cavalas ficam em estado de torpor durante os quatro meses mais frios do inverno, repousando após oito meses de vida extenuante nas águas mais superficiais. No limiar do mar profundo, elas vivem da gordura acumulada em seus corpos, armazenada graças a uma rica alimentação durante o verão. Quando se aproxima o fim do sono invernal, seus corpos começam a se encher de ovos.

Em abril, as cavalas despertam do torpor do inverno ainda na beira da plataforma continental, ao largo dos cabos da Virgínia. Talvez as correntes que se dirigem ao fundo do mar, banhando os locais de repouso desses peixes, agitem neles a tênue percepção do avanço das estações do oceano – o antigo e imutável ciclo do mar. Durante semanas, nessa época, a fria e pesada superfície do mar (as águas do inverno) vai se aprofundando e sendo substituída pelas águas menos frias do fundo. As águas de temperatura mais amena sobem, levando para a superfície grande quantidade de fosfatos e nitratos que estavam no fundo oceânico. O sol da

6. Migrantes do mar primaveril

primavera e a água fértil incitam as algas dormentes a um despertar de atividade, crescimento e reprodução. A primavera chega ao continente quando as partes aéreas das plantas exibem um verde pálido e as gemas estão em desenvolvimento; ela traz ao mar um substancial aumento no número de algas microscópicas e unicelulares, as diatomáceas. Talvez as correntes, deslizando para o fundo do mar, levem às cavalas certa percepção da crescente atividade de desenvolvimento e reprodução das algas nas águas superficiais. Talvez elas lhes anunciem também a intensa atividade de forrageio das multidões de crustáceos que se alimentam das densas populações de diatomáceas e acabam povoando a água com espessas nuvens de seus diminutos descendentes, os quais possuem cabeças parecidas com as de duendes. Em breve, peixes de muitas espécies estarão se movendo através do mar de primavera, alimentando-se em meio à abundância de vida na superfície e gerando descendentes.

Pode ser que as correntes também passem pelos locais onde ficam as cavalas, levando a mensagem da chegada de água doce, proveniente da liquefação de gelo e neve, que vai se avolumando e descendo em grande velocidade pelos rios costeiros até o mar, o que reduz ligeiramente a salinidade e atrai peixes carregados de ovas, graças à redução na densidade da água. Qualquer que seja o despertar trazido pela primavera aos peixes dormentes, é certo que as cavalas agitam-se em rápida reação. Suas caravanas começam a formar-se e a mover-se através da água parcamente iluminada. Aos milhares e centenas de milhares, elas partem em direção às águas menos profundas.

A cerca de 160 quilômetros do local onde as cavalas hibernam, o profundo e escuro leito do mar aberto do oceano Atlântico eleva-se, começando a galgar o declive lamacento da plataforma continental. Começando em total escuridão e calmaria, o mar sobe ao longo desses 160 quilômetros, elevando-se de profundidades de 1.500 metros ou mais, até que o negro começa a dar lugar à cor púrpura, e essa ao azul profundo, que vai se tornando azul-celeste.

Na profundidade de, aproximadamente, 180 metros, o mar chega à nítida margem das fundações do continente. Aí, o fundo oceânico começa a subir num declive mais suave: é a plataforma continental. Sobre a borda moderadamente inclinada do continente, o oceano passa a apresentar cardumes de peixes deambulando e alimentando-se nas planícies férteis de seu piso. Nas regiões abissais, há apenas peixes pequenos e mirrados, que lutam solitariamente, ou em pequenos grupos, pelo escasso alimento disponível. Mas, na plataforma continental, os peixes dispõem de um pasto muito mais rico – campos de hidroides parecidos com plantas, animais habitantes de musgos, caramujos e outros moluscos que têm uma existência passiva na areia, além de camarões e caranguejos que ficam alertas e saem em disparada diante da boca de um peixe à cata de alimento, como coelhos diante de um cão caçador.

Agora, barcos pesqueiros movidos a gasolina percorrem o mar. Aqui e ali, a água atravessa quilômetros de malhas de redes de emalhar pendentes dos barcos, ou resiste aos trancos das redes de arrasto sobre o fundo arenoso. Veem-se numerosas asas brancas de gaivotas no céu. Essas aves – com exceção das gaivotas-tridáctilas – amam a beira-mar e não se sentem à vontade no oceano aberto.

Ao passar sobre a plataforma continental, o mar encontra uma série de bancos de águas rasas que se dispõem paralelamente à costa. Entre os 80 e 160 quilômetros até a zona de marés, o mar precisa superar esses bancos ou cordilheiras, subindo as laterais de colinas localizadas nos vales ao redor da orla, chegando a platôs de 1 ou 2 quilômetros de amplitude, e em seguida descendo novamente até a penumbra de outro vale. Os platôs são mais férteis do que os vales, pois os milhares de estranhas espécies de animais invertebrados que habitam os primeiros representam alimento para os peixes maiores. Frequentemente, a água sobre os bancos é especialmente rica em nuvens móveis de pequenas algas e animais de numerosas espécies que ficam à deriva nas correntes marítimas ou nadam vagarosamente em busca de alimento. São os perambuladores do plâncton marinho.

Ao abandonar as profundidades onde hibernaram e dirigir-se à beira-mar, as cavalas não galgam as colinas nem baixam aos vales do fundo oceânico. Em vez disso, como se estivessem ansiosas para chegar de uma vez às águas iluminadas pela luz solar, elas atravessam numa direção muito íngreme os 180 metros do fundo do mar até a superfície. Depois de quatro meses na obscuridade das águas profundas, as cavalas viajam animadamente através das águas claras superficiais. Elas nadam com a cabeça fora da água e contemplam de novo a cinzenta vastidão do mar, coberta pela palidez do arco celeste.

Nas regiões em que as cavalas chegam à superfície, não há como distinguir o grande mar, de onde emerge o sol, do mar menor, no qual o sol se põe; mas não há dúvida de que os cardumes tomam a direção que vai das águas mais salinas e de cor azul-escura do mar aberto para as águas costeiras, que são verdes e pálidas por causa do influxo de água doce dos rios e baías. O local procurado pelas cavalas é uma região marinha grande e irregular que chega do sul pelo oeste e do norte pelo leste, desde os cabos Chesapeake até o sul de Nantucket. Em alguns lugares, essa região fica a apenas 30 quilômetros da costa; em outros, a 80 quilômetros ou mais. São sítios de desova nos quais, desde épocas antigas, as cavalas do Atlântico vêm depositando seus ovos.

6. Migrantes do mar primaveril

Durante todo o final de abril, as cavalas sobem ao largo dos cabos Virgínia e correm em direção à costa. Surge uma agitação entusiástica no mar quando a migração de primavera começa. Alguns cardumes são pequenos; outros têm 1,5 quilômetro de largura e vários quilômetros de comprimento. Durante o dia, as aves marinhas observam os cardumes seguirem em direção ao continente, como nuvens escuras avançando através do verde mar; mas, à noite, o rastro desses peixes pela água é como metal fundido, pois seus movimentos perturbam as miríades de animais luminescentes do plâncton.

As cavalas são mudas, não produzem sons; mas sua passagem cria uma forte perturbação na água, de modo que cardumes de amoditídeos e anchovas devem sentir de longe as vibrações do grupo que vem chegando; eles ficam apreensivos e procuram fugir apressadamente. É possível que a agitação da passagem das cavalas seja sentida nos bancos mais inferiores por pitus e caranguejos (que procuram abrigos entre os corais), por estrelas-do-mar (que sobem nas rochas), pelos tímidos caranguejos-eremitas e pelas flores pálidas das anêmonas-do-mar.

Ao correrem para a costa, as cavalas nadam em fileiras, umas sobre as outras. No curso das semanas em que os peixes avançam no mar aberto, os bancos de areia que ocupam a área entre a borda da plataforma continental e a costa são frequentemente obscurecidos, assim como, em outras épocas, a terra escurecia com a passagem de outra nuvem viva, durante as migrações dos pombos-passageiros.

A seu tempo, as cavalas chegam às águas costeiras, onde seus corpos são aliviados da carga de ovos e líquido seminal. Elas deixam ali uma nuvem de ínfimas esferas transparentes, um rio amplo e extenso, carregado de vida. É a contrapartida marinha da Via Láctea, o rio de estrelas que flui no céu. Sabe-se que há centenas de milhões de ovos por quilômetro quadrado, o equivalente a bilhões de ovos numa área que pode ser percorrida em uma hora por um navio pesqueiro. São centenas de trilhões em toda a área de postura de ovos.

Após a desova, as cavalas dirigem-se às ricas regiões de alimentação que ficam na costa da Nova Inglaterra. Os peixes agora desejam apenas chegar às águas que conhecem há muito tempo, onde aglomerados vermelhos de pequenos crustáceos, da espécie *Calanus*, perambulam. O mar cuidará das jovens cavalas, como cuida dos filhotes de todos os outros peixes, de ostras, caranguejos, estrelas-do-mar, vermes, águas-vivas e cracas.

7. O nascimento de uma cavala

E FOI ASSIM QUE Scomber, a cavala-macho, nasceu nas águas superficiais do mar aberto, 115 quilômetros ao sul pelo lado leste da ponta ocidental de Long Island. Scomber veio à vida como um diminuto glóbulo, não maior que a semente de uma papoula, e ficou à deriva nas camadas superficiais da água verde pálida. O glóbulo carregava uma gotícula de óleo de cor âmbar, que servia para mantê-lo flutuando. Carregava também uma partícula acinzentada de matéria viva, tão pequena que poderia ser colocada na ponta de uma agulha. Com o tempo, essa partícula se tornaria Scomber, um peixe poderoso, explorador dos mares, com formas aerodinâmicas típicas de sua espécie.

Os pais de Scomber eram peixes da última grande onda de migração de cavalas que chegou da borda da plataforma continental em maio, quando, pesados por causa das ovas, viajavam rapidamente em direção à costa. No quarto dia de jornada, ocasião em que esses peixes alcançaram uma forte corrente que se dirigia ao continente, os ovos e o líquido seminal começaram a fluir de seus corpos e foram despejados no mar. Entre os quarenta a cinquenta mil ovos que foram depositados por uma fêmea, estava aquele que se tornaria Scomber.

Dificilmente se encontraria um local mais estranho no mundo para começar a vida do que nesse universo de céu e água povoado por criaturas esquisitas e governado por vento, sol e correntes oceânicas. Em geral, era um lugar silencioso, exceto quando o vento chegava sussurrando ou rugindo sobre o vasto lençol de água, ou quando as gaivotas desciam com o vento, emitindo seus altos gemidos, semelhantes a miados, ou então quando baleias rompiam a superfície, expelindo o ar há muito retido, e rolavam de novo para debaixo d'água.

Os cardumes de cavalas corriam rapidamente para o norte e o leste, em jornadas interrompidas raras vezes pelo processo de desova. Quando as aves marinhas chegaram aos seus locais de repouso noturno, nas águas escuras dos platôs, enxames de pequenos animais, dotados de formas curiosas, subiram às águas superficiais; eles vinham de colinas e vales situados na escuridão muito abaixo dali. O mar noturno pertencia ao plâncton, aos diminutos vermes e jovens caranguejos, aos camarões vítreos e de olhos enormes, às jovens cracas e aos mexilhões-bebês, aos pulsantes sinos das águas-vivas, e a todos os outros pequenos animais marinhos que evitam a luz.

Era de fato um mundo muito estranho para que algo tão frágil quanto um ovo de cavala ficasse à deriva ali. O local estava repleto de pequenos caçadores, cada qual vivendo às custas de vizinhos, algas ou animais. Os ovos de cavala esbarravam em larvas de peixes, mariscos, crustáceos e vermes que há pouco eclodiram dos respectivos ovos. Algumas dessas larvas tinham poucas horas de vida e nadavam solitárias no mar, muito ocupadas em busca de alimento. Havia as que subiam até a superfície e procuravam, com garras armadas, qualquer coisa que pudesse ser dominada e engolida; outras apanhavam, com mandíbulas cortantes, toda presa menos ágil do que elas próprias, ou sugavam, na superfície da água, células verdes ou douradas de diatomáceas para o interior de suas bocas providas de cílios.

O mar também estava cheio de caçadores maiores do que as larvas microscópicas. Uma hora depois de os pais de Scomber terem partido, uma horda de ctenóforos ovais assomou à superfície. Os ctenóforos pareciam grandes frutos de groselha e, para nadar, batiam as placas de pelos (ou cílios) aglomerados, dispostos em oito fileiras ao longo de seus corpos transparentes. Os corpos de ctenóforos pareciam apenas um pouco mais densos do que a água do mar; no entanto, cada um comia, diariamente, alimento sólido que perfazia várias vezes seu próprio peso. Eles subiam lentamente à superfície, onde milhões de ovos de cavalas postos estavam à deriva havia pouco tempo. Os ctenóforos rodopiavam lentamente para trás e para a frente ao longo do eixo de seus corpos, emitindo um brilho frio e fosforescente. Durante toda a noite, eles agitaram as águas com seus tentáculos mortais. Cada tentáculo era um fio delgado, que, estendido, mostrava-se vinte vezes mais longo que o corpo do animal. Ao virar, rodopiar e lançar lampejos de luz verde na água escura, os ctenóforos colidiam uns contra os outros em grande voracidade e retinham ovos de cavalas nas sedosas malhas de seus tentáculos, devorando-os com a rápida contração de suas bocas ávidas.

Durante a primeira noite da vida de Scomber, o corpo frio e liso de um ctenóforo roçou nele. Por questão de milímetros, um tentáculo que buscava alimento deixou de apanhar a esfera flutuante na qual a partícula de protoplasma já tinha se dividido em oito partes – e iniciava, assim, o desenvolvimento por meio do qual uma única célula fertilizada rapidamente se transformaria em embrião de peixe.

Dos milhões de ovos de cavala que flutuavam ao lado daquele que originaria Scomber, milhares não foram além das primeiras fases de vida, pois acabaram devorados pelos ctenóforos. Na reencarnação que domina o mar, na qual uma espécie é predada por outra, muitos ovos foram convertidos na matéria gelatinosa que constituía o corpo de seu inimigo.

Durante toda a noite, com o mar coberto por um céu desprovido de vento, a dizimação de ovos de cavalas continuou. Pouco antes do alvorecer, a água começou a agitar-se com uma brisa vinda do leste; em uma hora, o mar rolava pesadamente sob um vento que soprava insistentemente para o sul e o oeste. Ao primeiro agito da calma superfície, os ctenóforos começaram a descer para a água profunda. Mesmo nessas simples criaturas, constituídas por pouco mais de duas camadas de células, uma dentro da outra, existe o instinto de autopreservação, o qual lhes dá a percepção da ameaça de destruição que a água superficial encrespada representa para seu corpo tão frágil.

Na primeira noite de sua existência, mais de dez entre cem ovos de cavala foram devorados pelos ctenóforos ou, por alguma fragilidade que lhes era inerente, morriam após as primeiras divisões celulares.

A chegada de um forte vento soprando para o sul trouxe novos perigos aos ovos de cavala, que até então tiveram a companhia de poucos inimigos nas águas superficiais. As camadas marinhas superiores fluíam na direção imposta pelo vento. As esferas flutuantes moviam-se para o sul e o oeste com a corrente, pois os ovos de todas as criaturas marinhas são inexoravelmente carregados pelo mar que os contém. Porém, o fluir das águas para sudoeste levou os ovos de cavala para longe dos berçários de sua espécie e os conduziu a águas onde o alimento para jovens peixes era escasso e os predadores famintos eram abundantes. Como resultado dessa agourenta estatística, pouco mais de um ovo entre mil conseguiria desenvolver-se completamente.

No segundo dia, à medida que as células dentro dos glóbulos dourados dos ovos de cavala multiplicavam-se por meio de incontáveis divisões, e a forma do embrião – parecida com um escudo – começava a ser vislumbrada acima da esfera da gema, hordas de um novo inimigo surgiram do plâncton à deriva. Eram vermes-flechas, criaturas transparentes e delgadas que cortavam a água como setas, disparando em todas as direções para apanhar ovos de peixes, copépodes e até mesmo indivíduos de sua própria espécie. Com cabeças ameaçadoras e mandíbulas dentadas, para os seres menores do plâncton eles eram terríveis como dragões, embora para nós pareçam tão pequenos, haja vista que medem 0,5 centímetro de comprimento.

Os ovos flutuantes de cavala foram dispersos e golpeados pelas investidas dos vermes-flechas. Quando os movimentos da corrente e da maré carregaram os ovos para outras águas, uma grande quantidade deles já havia sido consumida.

Uma vez mais, o ovo que continha o embrião de Scomber foi poupado, enquanto todos os outros ao seu redor foram apanhados e devorados. Sob o sol de maio, as novas células do ovo estavam agitadas em furiosa atividade. Elas cresciam e se dividiam, diferenciando-se em camadas de células, tecidos e órgãos. Ao fim de dois dias e duas noites de vida, o corpo filamentoso de um peixe tomava forma dentro do ovo, encurvado em torno do globo da gema que lhe fornecia alimento. Uma fina saliência ao longo da linha média indicava que um bastão de cartilagem de sustentação – precursor da coluna vertebral – estava em formação; um grande abaulamento na extremidade anterior indicava o local da cabeça. Nele, duas pequenas saliências marcavam os futuros olhos de Scomber. No terceiro dia, uma dúzia de placas musculares em "V" ocupava ambos os lados da coluna vertebral; os lobos do cérebro eram visíveis através dos tecidos ainda transparentes da cabeça; os meatos acústicos apareceram; os olhos estavam quase completos e mostravam-se escuros através da parede do ovo, mirando sem enxergar o mundo marinho ao redor. Quando o céu clareou, anunciando a quinta elevação do sol, uma bolsa de parede delgada, situada sob a cabeça e avermelhada por causa do fluido que abrigava, tremulou palpitante e iniciou uma pulsação que perduraria enquanto houvesse vida no corpo de Scomber.

Ao longo de todo aquele dia, o desenvolvimento processou-se em ritmo acelerado, como se o embrião estivesse com pressa para eclodir o mais rápido possível. Na cauda que se alongava, apareceu um fino rebordo de tecido: era a saliência da nadadeira, da qual uma série de pequenas barbatanas, semelhantes a bandeiras desfraldadas ao vento, se formariam mais tarde. As laterais de um sulco aberto, que atravessava o ventre do pequeno peixe e era protegido por uma placa de mais de setenta segmentos de músculo, crescia regularmente para baixo. No meio da tarde, o sulco fechou-se, transformando-se no canal alimentar. Acima do coração pulsante, a cavidade bucal aprofundava-se, mas ainda estava longe de alcançar o canal.

Durante todo esse tempo, as correntes da superfície marinha correram continuamente para o sudoeste, movidas pelo vento e carregando consigo as nuvens de plâncton. Nos seis dias decorridos desde a desova das cavalas, os predadores oceânicos atacaram sem trégua, de modo que mais da metade dos ovos foi comida ou pereceu enquanto se desenvolvia.

Mas a maior destruição ocorria depois do anoitecer. Foram noites escuras, em que o mar permaneceu calmo sob o amplo firmamento e as pequenas estrelas do plâncton rivalizaram em número e luminosidade com o céu. Das profundezas abaixo, as hordas de ctenóforos, vermes-flechas, copépodes, camarões, medusas e águas-vivas, além de borboletas-do-mar translúcidas, tinham subido até as camadas superiores para resplandecer na água escura.

Quando o nível da escuridão começou a diminuir no leste, anunciando o alvorecer no qual a Terra em rotação as transportava, estranhas procissões apressaram-se na água à medida que animais do plâncton fugiam do sol, que ainda não havia se erguido. Poucas dessas pequenas criaturas podiam suportar as águas superficiais durante o dia, exceto quando as nuvens defletiam os potentes raios solares.

No devido tempo, Scomber e outras cavalas-bebês se juntariam às caravanas em marcha, que se dirigiam para as profundezas das águas verdes durante o dia, e subiam para as águas superficiais quando a Terra novamente rodava na escuridão. Agora, ainda confinada no interior do ovo, a cavala-macho embrionária ainda não tinha autonomia para locomover-se. Os ovos tinham densidade igual à da água, que os carregava horizontalmente.

No sexto dia, as correntes levaram os ovos de cavala até um enorme banco densamente povoado por caranguejos. Era o período de eclosão dos ovos desses crustáceos, ocasião na qual os que tinham sido carregados durante todo o inverno pelas fêmeas rompiam as cascas e liberavam pequenas larvas parecidas com gnomos. Sem demora, as larvas subiam para as camadas superiores da água, locais em que, por meio de sucessivas mudas das jovens carapaças, iam assumindo a forma definitiva de sua espécie. Somente depois de um período de vida no plâncton é que os jovens caranguejos seriam admitidos na colônia dos crustáceos que viviam no agradável platô submarino.

Agora eles corriam para cima: cada caranguejo recém-nascido nadava persistentemente com seus apêndices semelhantes a bastões, preparado para distinguir com os olhos negros os alimentos que o mar pudesse dispor e apanhá-los com a boca dotada de um bico afiado. Durante o restante daquele dia, as larvas de caranguejo foram carregadas com os ovos de cavala, que elas devoraram avidamente. À noite, a luta entre as duas correntes – a corrente da maré e a corrente promovida pelo vento – carregou muitas das larvas de caranguejo em direção à terra, enquanto os ovos de cavala continuaram seguindo para o sul.

7. O nascimento de um cavala

No mar havia muitos sinais de que os ovos aproximavam-se de latitudes meridionais. Na noite anterior à aparição das larvas de caranguejo, uma área oceânica de muitos quilômetros foi iluminada pelas intensas luzes verdes do ctenóforo *Mnemiopsis*, cujos corpos ciliados brilham como as cores do arco-íris durante o dia e cintilam como esmeraldas no mar noturno. Agora, pela primeira vez, palpitavam nas mornas superfícies as pálidas formas da água-viva *Cyanea*, que arrastava suas várias centenas de tentáculos através da água, apanhando peixes ou qualquer outro ser que pudessem abraçar. Durante horas a fio, o oceano efervesceu com grandes cardumes de salpas do tamanho de um dedal, parecidas com barris envoltos por cordões de músculos.

Na sexta noite após a desova das cavalas, o duro envoltório dos ovos começou a romper-se. Os minúsculos peixinhos eram tão pequenos que a extensão de vinte deles, um atrás do outro, não atingiria 3 centímetros. Sucessivamente, eles abandonaram as esferas que os confinavam e experimentaram pela primeira vez o contato com o mar. Entre os ovos que eclodiram, estava o de Scomber.

Obviamente, ele ainda era um peixinho inacabado. Tinha-se quase a impressão de que ele rompera o envoltório do ovo prematuramente, tão despreparado estava para cuidar de si próprio. As fendas das guelras estavam lá, mas não chegavam até a garganta; portanto, eram inúteis para a respiração. Sua boca era apenas uma bolsa sem fundo. Para a sorte do peixinho recém-nascido, ainda restava um suprimento de alimento na bolsa de gema colada a ele; o animalzinho se alimentaria disso até que sua boca estivesse aberta e funcionasse de modo eficiente. Devido à bolsa de gema, contudo, a cavala-bebê perambulava de cabeça para baixo, incapaz de controlar os movimentos.

Os três dias de vida seguintes trouxeram espantosas transformações. À medida que o desenvolvimento avançou, a boca e as estruturas das guelras ficaram prontas, e as nadadeiras cresceram na cauda, nas laterais e no ventre, provendo força e segurança para os movimentos. Os olhos ganharam pigmentos e tomaram uma cor azul profunda. Possivelmente eles já conseguiam enviar ao pequeno cérebro as primeiras mensagens daquilo que viam. Gradualmente, a massa de gema foi se reduzindo e, com isso, Scomber descobriu que era possível endireitar-se na água; por meio de ondulações do corpo ainda rotundo e de movimentos das nadadeiras, ele agora conseguia nadar.

Em meio à constante deriva, no fluir diário da água para o sul, Scomber ainda não estava consciente. Levaria tempo até que a tênue força de suas nadadeiras superasse a força das correntes. Ele flutuava para onde o mar o carregasse: era agora um membro legítimo da comunidade deambulante do plâncton.

8. Os caçadores do plâncton

O MAR PRIMAVERIL ESTAVA repleto de peixes correndo para lá e para cá. Os pargos migravam para o norte, partindo dos locais de hibernação ao largo dos cabos da Virgínia e dirigindo-se às águas costeiras da Nova Inglaterra, onde desovariam. Cardumes de arenques moviam-se rapidamente logo abaixo da superfície, cortando a água como faz a passagem de uma brisa; havia também cardumes de savelhas, migrando em formações compactas, com corpos que emitiam lampejos em tons de bronze e prata ao receber os raios solares. Para as aves marinhas, esses cardumes pareciam nuvens escuras encrespando com um azul profundo o liso lençol da superfície do mar. Imiscuídos entre savelhas e arenques migrantes, encontravam-se os sáveis retardatários, seguindo as rotas que levavam aos rios de seu nascedouro. Em toda a extensão dessa viva malha, as últimas cavalas teciam fios cintilantes azuis e verdes.

Então, sobre a água na qual os peixes em rápido deslocamento esbarravam com as cavalas que há pouco saíram dos ovos, flutuavam pela primeira vez naquela estação os pequenos grupos de *Oceanites*, almas-de-mestre do grupo dos petréis, que retornavam ao mar, vindas do sul. As aves moviam-se suaves de um lugar para outro acima das planícies ou pequenas colinas do mar, baixando graciosamente sobre alguma porção de plâncton à deriva, pairando como borboletas que chegam para sugar o néctar de uma flor. Os pequenos petréis nada sabem sobre o inverno do norte, pois no verão meridional eles viajam para casa, no extremo Atlântico Sul e nas ilhas da Antártica, onde criam seus filhotes.

8. Os caçadores do plâncton

Às vezes, durante horas a fio, a superfície do mar ficava embranquecida por finos chafarizes, ocasião em que gansos-patola, em sua última jornada primaveril em direção à costa rochosa do golfo de St. Lawrence, desciam do alto em disparada. Em busca de peixes, eles mergulhavam bem abaixo da superfície da água, batendo fortemente as asas e agitando os pés providos de membranas. Com a continuidade do fluxo da água para o sul, os vultos cinzentos de tubarões apareciam com maior frequência, à caça de cardumes de savelha. Os dorsos das toninhas cintilavam ao sol; velhas tartarugas, com cracas incrustadas, nadavam na superfície.

Até então, Scomber sabia muito pouco sobre o mundo no qual vivia. Seu primeiro alimento tinha sido diminutas algas unicelulares do plâncton, as quais capturou com a boca e passou pelos rastros branquiais. Mais tarde, aprendeu a apanhar crustáceos do tamanho de pulgas no plâncton e a disparar em direção aos agrupamentos desses animais, que ficavam à deriva na superfície; ele abocanhava o novo alimento com rápidos golpes. Junto às outras jovens cavalas, passava a maior parte de seus dias muitos metros abaixo da superfície; à noite, elevava-se novamente, movendo-se através da água escura que cintilava com o plâncton fosforescente. Esses movimentos eram feitos involuntariamente, sempre que os jovens peixes perseguiam seu alimento, pois Scomber ainda conhecia muito pouco sobre a diferença entre o dia e a noite, ou entre a superfície do mar e suas profundezas. Mas, às vezes, quando subia com o impulso de suas nadadeiras, ele chegava à água que brilhava com coloração verde, onde via vultos de ágil e terrível vivacidade.

Nas águas da superfície, Scomber conheceu pela primeira vez o terror experimentado pelos que são presas de caçadores. Em sua décima manhã de vida, ele se detivera nas camadas superiores da água, em vez de dirigir-se à profundidade obscura. Subitamente, uma dúzia de peixes com brilho prateado assomou das águas claras e verdes. Eram anchovas, pequenas e parecidas com arenques. A anchova que estava mais à frente percebeu a presença de Scomber. Dando uma guinada em sua trajetória, ela veio rodopiando ao longo da distância de 1 metro que os separava, já com a boca aberta, pronta para apanhar a pequena cavala-macho. Scomber volteou-se, subitamente alarmado, notando que possuía uma capacidade de locomoção até então ignorada, e afastou-se desajeitadamente na água. Numa fração de segundo, ele teria sido preso e devorado, mas uma segunda anchova, em rápida aproximação pelo lado oposto, colidiu com a primeira; na confusão, Scomber disparou sob ambas.

Contudo, ele se viu em meio ao cardume de vários milhares de anchovas, cujas escamas prateadas reluziam nas laterais da pequena cavala. As anchovas

93

esbarravam e colidiam contra ele; Scomber procurava escapar, mas era em vão. O cardume movia-se por cima, por baixo e por todos os lados, avançando à frente impetuosamente, logo abaixo do teto do mar. Nenhuma das anchovas tinha percebido a presença da pequena cavala, pois o próprio cardume estava em plena fuga. Um bando de jovens pomátomos tinha percebido o rasto de anchovas e nadava em rápida perseguição a elas. Num instante, eles já estavam sobre as presas, atacando-as feroz e vorazmente, como uma matilha de lobos. O líder desfechou o primeiro golpe: numa investida com mandíbulas providas de dentes afiados, ele apanhou duas anchovas. Delas, restaram apenas as cabeças e caudas decepadas. O sabor de sangue agora impregnava a água. Enlouquecidos, os pomátomos atacavam pela direita e pela esquerda. Dispararam pelo centro do cardume de anchovas, desfazendo as fileiras dos pequenos peixes, que correram desabaladamente em pânico e confusão, em todas as direções. Muitos subiam à superfície e saltavam para o ar, um elemento estranho a eles. Eram então vítimas do ataque de gaivotas, pescadoras companheiras dos pomátomos e que por ali pairavam.

Enquanto a carnificina se espalhava, o verde cristalino da água foi sendo lentamente nublado por um laivo que se ampliava. Ao passar pela boca e pelas brânquias, a água de cor ferrugínea tinha um gosto estranho, que foi percebido por Scomber. Era um gosto inquietante para um pequeno peixe que nunca experimentara o sabor do sangue nem vivenciara a avidez do caçador.

Quando, afinal, perseguidores e vítimas se foram, as vibrações surdas do último pomátomo endoidecido pela carnificina acalmaram-se. Novamente, as células sensoriais de Scomber recebiam apenas as mensagens dos possantes e regulares ritmos do mar. Os sentidos da pequena cavala-macho haviam sido entorpecidos pelo encontro com aqueles monstros turbilhonantes, impiedosos e tenazes. Foi nas águas brilhantes da superfície que Scomber deparou com os velozes fantasmas. Agora que se foram, ele deixou as regiões claras da água e desceu para o verde mais obscurecido, baixando metro após metro e sentindo a tranquilizante segurança do escuro, o qual ocultava todos os terrores que pudessem estar à espreita nas vizinhanças.

Na descida, Scomber topou com uma nuvem de larvas de crustáceos, transparentes e cabeçudas, desovadas naquelas águas na semana anterior. As larvas nadavam aos solavancos, movendo as pernas plumosas distribuídas em duas filas que saíam de seus corpos delgados. Uma multidão de jovens cavalas alimentava-se dos crustáceos, e Scomber juntou-se a elas. Ele pegou uma das larvas e esmagou o transparente corpo da presa contra o céu da boca antes de engoli-la. Excitado e desejoso de maior quantidade do novo alimento, ele apressou-se para o meio das

8. Os caçadores do plâncton

larvas; agora, a sensação de fome se apossara dele; era como se, para ele, o temor dos grandes peixes nunca tivesse existido.

Enquanto perseguia as larvas numa névoa esmeralda, Scomber notou, 10 metros abaixo da superfície, algo lustroso que se movia num arco ofuscante, abrangendo todo o seu campo visual. Quase instantaneamente, o objeto brilhante foi seguido por um segundo fulgor resplandecente que se curvou fortemente para o alto e parecia adensar-se ao subir em direção a um globo pouco iluminado. De novo o filamento do tentáculo voltou-se para baixo, e todos os seus cílios cintilaram à luz solar. Os instintos de Scomber alertaram-no sobre o perigo, embora nunca antes em sua vida larval ele tivesse encontrado um indivíduo de *Pleurobrachia*, o ctenóforo predador de todos os peixes jovens.

De repente, tal como uma corda que rapidamente se desenrola de alguma mão acima, um dos tentáculos caiu mais de 50 centímetros abaixo do corpo do ctenóforo. Distendido, de súbito o apêndice enrolou-se em torno da cauda de Scomber. O tentáculo era armado com uma linha lateral de filamentos parecidos com os tênues fios que formam as penas de um pássaro. Porém, os filamentos dos tentáculos eram pegajosos e delicados como os fios de uma teia de aranha. Todos os pelos laterais do apêndice secretavam um material parecido com cola, o que deixou Scomber irremediavelmente enredado nos numerosos filamentos. Ele lutou para escapar, batendo a água com suas nadadeiras e flexionando o corpo violentamente. O tentáculo, que se contraía e se estendia com firmeza, ora com a espessura de um cabelo, ora com a de uma linha de pesca – e, no intervalo, apresentando o diâmetro de uma linha de costura –, levou-o para cada vez mais perto da boca do ctenóforo. Agora, a pequena cavala estava a 2 centímetros da fria e lisa bolha de geleia que girava suavemente na água. A criatura, parecida com um fruto de groselha, estava com a boca para cima, mantendo-se nessa posição por meio de batimentos suaves e monótonos de oito fileiras de placas ciliadas. A luz do sol, incidindo pelo alto, dava aos cílios um brilho radiante que quase cegava Scomber, enquanto ele era levado até o escorregadio corpo do inimigo.

No instante seguinte, ele seria pego pelos lábios lobados da boca da criatura e levado para a bolsa central de seu corpo, sendo ali digerido; mas, por enquanto, ele estava a salvo, pois o ctenóforo tinha-o apanhado enquanto ainda digeria outra refeição. Da boca do ctenóforo protraía-se a cauda e o terço posterior de um jovem arenque capturado meia hora antes. O corpo do *Pleurobrachia* estava bem distendido, pois o arenque era grande demais para ser engolido inteiro. Embora tivesse forçado a passagem de todo o arenque pelos lábios, por meio de violentas contrações, o ctenóforo não teve sucesso e foi obrigado a esperar até que uma porção suficiente do peixe fosse digerida, para que houvesse espaço para a cauda. Scomber foi mantido como reserva, para ser comido depois do arenque.

Não obstante sua luta espasmódica, Scomber não conseguia fugir da rede envolvente de filamentos dos tentáculos; cada vez mais, seus esforços iam se tornando debilitados. Inexorável e constantemente, as contorções do corpo do ctenóforo empurravam o arenque mais e mais para o interior da bolsa mortal, onde enzimas digestivas atuavam com espantosa velocidade por meio de sutil alquimia, convertendo os tecidos do peixe em alimento do ctenóforo.

Mas eis que uma sombra escura aparece entre Scomber e o sol. Um volumoso corpo com forma de torpedo surgiu no local; uma boca cavernosa abriu-se e engolfou o ctenóforo, o arenque e a cavala prisioneira. Uma truta de dois anos abocanhou o corpo gelatinoso do ctenóforo e provou-o, esmagando-o contra o céu da boca. Imediatamente, cuspiu a presa com repulsa. Com ela, Scomber foi junto, semimorto sob dores e exaustão, mas livre do grilhão do ctenóforo, que agora jazia morto.

Quando Scomber avistou uma porção de algas arrancadas, pelas marés, de alguma região do leito do mar ou de alguma praia distante, ele ajeitou-se entre seus talos e perambulou com elas por um dia e uma noite.

Naquela noite, enquanto os cardumes de jovens cavalas nadavam próximo à superfície, eles passaram sobre uma região mortífera, pois 20 metros abaixo havia milhões de ctenóforos dispostos em camadas, umas sobre as outras. Seus corpos quase se tocavam, rodopiando, vibrando, com os tentáculos estendidos para explorar as águas claras em busca de qualquer ser vivo. As poucas cavalas que se desviavam para as águas mais profundas durante a noite, até o nível desse tapete sólido de ctenóforos, nunca retornavam. Quando chegava água do fundo do mar trazendo nuvens de plâncton, e a superfície mudava de verde para um tom cinzento, os peixinhos que corriam para baixo logo encontravam a morte.

As hordas de ctenóforos *Pleurobrachia* estendiam-se por quilômetros, mas felizmente ficavam em regiões profundas: poucos indivíduos subiam até as camadas superiores. Os seres marinhos frequentemente distribuem-se em camadas superpostas. Mas, na segunda noite, o grande ctenóforo *Mnemiopsis* chegou a alguns metros da superfície. Toda vez que as luzes verdes desse animal brilharam na escuridão, a vida de algum pequeno e infeliz habitante do mar correu perigo.

Mais tarde, naquela mesma noite, chegaram legiões de *Beroë*, um ctenóforo canibal parecido com uma bolsa de geleia rósea, do tamanho de uma mão humana. A horda de beróideos mudava-se para uma região costeira com águas menos salinas, numa grande baía. O mar os trouxe até o local onde o grupo de *Pleurobrachia* rodopiava e vibrava. Os grandes ctenóforos atacaram os pequenos devorando-os às centenas e milhares. Afrouxada, a bolsa de seus corpos conseguia enorme distensão e, tão logo era preenchida, um rápido processo de digestão abria espaço para mais alimento.

Quando a manhã chegou de novo ao mar, a multidão de *Pleurobrachia* havia sido reduzida a esparsos remanescentes do número inicial, e uma estranha calmaria reinava sobre o mar onde o grupo estivera, pois nessas águas raramente havia criaturas vivas.

9. A enseada

QUANDO O SOL ENTROU no signo de Câncer, Scomber chegou às águas da Nova Inglaterra. Com as primeiras marés vivas do mês de julho, ele foi carregado para uma pequena enseada protegida por um braço de terra que avançava mar adentro. De muitos quilômetros ao sul, onde os ventos e as correntes tinham-no carregado como larva indefesa, ele retornara ao seu verdadeiro lar, agora como jovem cavala-macho.

Em seu terceiro mês de vida, Scomber tinha mais de 7 centímetros de comprimento. Na jornada pela costa rumo ao norte, as linhas amorfas da larva foram esculpidas e deram origem a um corpo em forma de torpedo, indicando muita força na parte anterior e velocidade nos flancos. Ele trajava agora as vestes marinhas de uma cavala adulta. Sua indumentária eram escamas extremamente finas e pequenas, tão suaves ao toque quanto veludo. O dorso exibia um tom verde-azulado – a cor das profundas regiões do mar que Scomber ainda não vira. Sobre esse segundo plano, listas escuras corriam das nadadeiras posteriores até a metade dos flancos. O ventre tinha uma tonalidade prata reluzente. Quando o jovem peixe se movia logo abaixo da superfície do mar e o sol o atingia, o corpo do animal cintilava, mostrando as cores do arco-íris.

Muitos peixes jovens viviam na enseada – bacalhaus e arenques, cavalas e pescadas-polacas, bodiões-do-norte e peixes-rei –, pois ali a água era rica em alimento. Duas vezes a cada vinte e quatro horas, a maré cheia chegava do mar aberto através da estreita abertura da enseada, que de um lado era delimitada por

9. A enseada

um longo quebra-mar, e de outro, por um promontório rochoso. As marés chegavam rapidamente, com a força do peso de águas empurradas por uma estreita passagem. Em seu turbilhão através da angra, elas carregavam abundância de animais planctônicos, bem como outras pequenas criaturas que tinham sido revolvidas do fundo do mar ou arrancadas das rochas com a passagem da maré. Duas vezes a cada vinte e quatro horas, quando a água límpida e salgada entrava na enseada, os jovens peixes agitavam-se animadamente, prontos para apanhar o alimento que o mar lhes trazia por meio da maré.

Entre os peixes jovens da enseada, havia vários milhares de cavalas que passaram as primeiras semanas de vida em partes distintas de águas costeiras, mas, finalmente, em suas andanças, acabaram sendo levadas à enseada pelas interações com as correntes. Com o instinto de vida gregária já bem desenvolvido, as jovens cavalas rapidamente formaram um cardume. Após as longas migrações que cada uma tinha feito, estavam satisfeitas em viver dia após dia nas águas da enseada, perambular para cima e para baixo nas águas rasas da angra e sair para encontrar a maré invasora; elas ficavam ansiosas pela chegada de multidões de copépodes e pequenos camarões que o mar nunca deixava de trazer.

Ao passar pela estreita abertura da enseada, as águas avançavam e rodopiavam sobre os orifícios abertos no fundo, seguindo rapidamente, em redemoinhos e turbilhões, e chocando-se contra as rochas em brancas arrebentações. As marés adiantavam-se e recuavam com força, mas de modo inconstante, pois, comparando-se o interior e o exterior da enseada, a época em que a maré ficava baixa ou alta era diferente. Além disso, por causa dos avanços e recuos da maré, e também por sua força variar conforme os diversos pontos da enseada, as águas ali nunca eram tranquilas. As rochas da angra eram forradas de criaturas que se dão bem em correntes com rápido movimento e em constante torvelinho. Das escuras protuberâncias e saliências das rochas cobertas com algas emergiam tentáculos e mandíbulas buscando animaizinhos que fervilhavam na água.

No interior da enseada, o mar espraiava-se como um leque, correndo com fúria ao longo do quebra-mar que formava a borda oriental, colidindo com as estacas do cais e agitando os barcos de pesca que ali ficavam ancorados. Ao invadir a metade ocidental da enseada, a água refletia a imagem de carvalhos e cedros próximos ao mar e agitava pequenas pedras na linha costeira, jogando umas contra as outras. Em direção à borda setentrional da angra, a água estendia-se até uma praia arenosa, enrugada pelo vento acima da linha da água, e, abaixo dela, pelas ondas.

Sobre o fundo de boa parte da enseada, havia jardins de algas que cresciam até a altura da cintura de um homem. Em toda parte que abrigasse uma rocha, um desses jardins subaquáticos crescia. Uma vez que o mar na enseada era muito rochoso, a visão que as gaivotas e andorinhas tinham lá do alto era a de um mosaico de regiões escuras, devido às populações de algas. Sobre o fundo arenoso entre os canteiros de algas, os pequenos peixes da angra passavam em inquietos cardumes. As caravanas verdes e prateadas serpenteavam para lá e para cá, ora separando-se, ora convergindo; quando ficavam sob repentino alarme, elas disparavam em todas as direções, como uma chuva de meteoros de prata.

Pela mesma via seguida através do mar, Scomber chegou à enseada, sacudido e abalroado pela agitação da maré, rodopiando desajeitadamente. Buscando águas tranquilas, ele seguiu pelas regiões de fundo arenoso entre os canteiros de algas. Assim, chegou ao velho quebra-mar, sobre o qual as algas cresciam e formavam uma tapeçaria de tonalidades marrons, vermelhas e verdes. Ao nadar na corrente veloz que passava pelo molhe, um pequeno peixe, escuro e roliço, apareceu em disparada, saindo de um canteiro de algas. Isso alarmou Scomber, que deu uma guinada e fugiu. O peixe era um bodião-do-norte, que, como todos os peixes de sua espécie, apreciava portos e ancoradouros. O bodião passara a vida inteira na angra; em boa parte desse tempo, ele abrigara-se no quebra-mar e nos ancoradouros de pesca, mordiscando cracas e pequenos mexilhões que cresciam sobre as estacas do cais e descobrindo anfípodes e briozoários, além de muitas outras criaturas entre as algas. Apenas os menores entre os peixes tornavam-se presas do bodião-do-norte, mas esse, com suas ferozes arremetidas, apavorava peixes maiores, levando-os a abandonar seus locais de alimentação.

Ao nadar ao longo do quebra-mar, Scomber chegou a um local escuro e tranquilo, onde a sombra de um ancoradouro de pesca caía sobre a água. Nesse instante, um enorme cardume de pequenos arenques deixou a região obscura e investiu sobre ele. O sol fazia refletir sobre seus corpos cintilações esmeraldas, prateadas e bronzeadas. Os arenques estavam fugindo de uma jovem pescada-polaca que vivia na enseada, aterrorizando e predando todos os pequenos peixes. Quando rodopiaram ao redor de Scomber, um novo instinto agitou-se rapidamente na jovem cavala-macho. Ela virou-se e, em posição bastante inclinada, atacou um pequeno arenque. Seus dentes afiados morderam profundamente os tenros tecidos da presa. Scomber carregou o arenque até as águas mais profundas, logo acima das fitas oscilantes dos leitos de algas, onde o dilacerou e o devorou com várias bocadas.

Quando Scomber deixou o local, a pescada-polaca voltou-se para procurar qualquer arenque que porventura ainda pairasse por ali, à sombra do atracadouro. Ao ver Scomber, ela deu uma guinada ameaçadora, mas a jovem cavala-

9. A enseada

-macho já estava grande e rápida demais para que a adversária tivesse sucesso em sua investida.

A pescada, que vivia seu segundo verão, tinha nascido nos mares de inverno ao largo da costa do Maine. Quando era um peixinho de pouco mais de 2 centímetros, havia migrado para o sul, nas correntes oceânicas, e para o alto-mar, até uma região bem distante de seu local de nascimento. Mais tarde, sendo já um jovem peixe, opondo ao mar a recém-descoberta força de suas nadadeiras e músculos, ela retornou aos bancos de areia costeiros, nos quais perambulava bem mais ao sul, distante de suas águas nativas, atacando, na primavera e no verão, as formas jovens de outros peixes, quando cardumes se aproximavam da costa. A pescada-polaca era um pequeno peixe feroz e voraz. Era capaz de pôr em debandada vários milhares de pequenos bacalhaus, fazendo que se espalhassem em pânico e buscassem abrigo entre algas e rochas no fundo do mar e lá permanecessem paralisados de terror.

Naquela manhã, a pescada matara e comera sessenta arenques jovens. Durante a tarde, quando peixes amoditídeos saíram da areia para alimentar-se na maré cheia, ela avançou de um lado para outro nos bancos da angra, atacando os pequenos peixes prateados e de boca afilada que emergiam. No verão anterior, quando a pescada tinha pouco mais de um ano de idade, os minúsculos amoditídeos lhe pareciam os mais terríveis peixes do mar; eles perseguiam e atacavam filhotes de pescada-polaca, escolhendo as vítimas e avançando sobre elas com terrível ferocidade.

No final do entardecer, Scomber e muitas outras pequenas cavalas estavam reunidas em cardume nas águas azul-acinzentadas situadas 2 metros abaixo da superfície. Para elas, aquela havia sido uma das melhores refeições do dia, com miríades de animais planctônicos à disposição.

A água na angra estava muito calma. Era o momento em que os peixes sobem e expõem o focinho na superfície, observando o mundo estranho do arco celestial. Os suaves sons de distantes recifes e baixios chegavam com nitidez pela água, e os habitantes do fundo do mar saíam de abrigos, túneis na lama e debaixo de pedras, enquanto outros deixavam as colunas do cais para subir até a superfície.

Antes que os últimos raios dourados desvanecessem na superfície do mar, os flancos de Scomber começaram a tinir com rápidas e ligeiras vibrações, enquanto a água enchia-se de nereidas, poliquetos com 15 centímetros de comprimento. São criaturas do mar que têm cor de bronze, parecidas com seres fantásticos e apresentando uma brânquia escarlate no meio do corpo. Às centenas, elas emergiam de seus abrigos em orifícios na areia ou sob conchas nos bancos da angra.

Durante o dia, entocavam-se em recessos escuros sob rochas ou entre os emaranhados das raízes de valisnérias. Ficavam à espreita de algum verme ou anfípode que passasse nas proximidades, para apanhá-los, com suas ferozes cabeças, armadas com bicos em tom âmbar. Nenhum habitante do fundo do mar podia aproximar-se de um orifício em que estivesse uma nereida e escapar da morte nas mandíbulas desses poliquetos.

Embora durante o dia as nereidas fossem pequenas feras predadoras em seus territórios, com a chegada da noite todos os machos subiam em direção ao teto do mar. As fêmeas permaneciam em seus esconderijos enquanto a noite descia rapidamente sobre as raízes das valisnérias, e as sombras das rochas acima do mar estendiam-se e tornavam-se negras. As fêmeas das nereidas não usavam gibões escarlates, e os apêndices que emergiam de uma dupla fileira nas laterais de seus corpos eram finos e frágeis, e não achatados como nadadeiras, diferentemente do que se observava em seus parceiros.

Um grupo de camarões-de-olhos-grandes, acompanhado por outras pescadas-polacas jovens, tinha chegado até o interior da angra antes do crepúsculo. Antes de a noite cair, os camarões foram seguidos também por um grande bando de gaivotas-argênteas. Embora os corpos dos camarões fossem transparentes, eles eram vistos pelas gaivotas como pontos vermelhos móveis, pois cada um possuía uma fileira de manchas coloridas e brilhantes ao longo das laterais. Agora que estava escuro, essas manchas cintilavam com uma forte fosforescência à medida que os camarões corriam pelas águas da enseada, combinando suas chamas com os lampejos de cor verde metálica dos ctenóforos – criaturas que não aterrorizavam mais o jovem Scomber.

Mas, durante aquela noite, formas estranhas passaram pela água perto dos ancoradouros de pesca, onde o cardume de jovens cavalas pairava em águas escuras e tranquilas. Um bando de lulas, inimigas ancestrais de todos os peixes jovens, havia chegado à enseada. As lulas tinham migrado durante a primavera, vindas do alto-mar – que era seu lar durante o inverno –, a fim de alimentarem-se de cardumes de peixinhos que fervilhavam na plataforma continental durante o verão. Sabendo que, após a desova dos peixes, os filhotes se abrigavam nas angras protegidas, as lulas, rapinantes e famintas, aproximavam-se cada vez mais do continente.

Avançando contra a maré vazante, as lulas chegavam perto da enseada, onde Scomber e seus companheiros descansavam. Dando poucos sinais de sua chegada, elas moviam-se mais silenciosamente do que a água que batia contra as estacas do cais. Vinham em disparada, rápidas como setas, deixando rastros luminosos na maré que descia.

9. A enseada

Na fria luz do início da manhã, as lulas atacaram. Com a velocidade de um projétil vivo, a primeira delas avançou desabaladamente para o meio do cardume de cavalas, desviou obliquamente à direita e aplicou um infalível golpe em um dos peixes, logo atrás da cabeça. O peixinho foi morto instantaneamente, sem jamais saber da presença de seu inimigo ou de temê-lo, pois a ferroada da lula talha uma nítida e profunda abertura triangular, que chega até a medula espinhal.

Quase no mesmo momento, meia dúzia de outras lulas disparou para o meio do cardume de cavalas, mas a investida do primeiro atacante tinha provocado a dispersão dos peixinhos para todas as direções. A perseguição começou: as lulas disparavam entre a confusa multidão de cavalas desesperadas, que se contorciam e davam guinadas, conseguindo esquivar-se somente se tivessem a extrema habilidade e energia das lulas. Essas tinham forma de garrafa e atacavam com enorme velocidade, mantendo os tentáculos estendidos e prontos para agarrar.

Depois do primeiro e ensandecido ataque, Scomber fugiu para um lugar sombreado sob o ancoradouro. Correndo ao longo do quebra-mar, ele conseguiu abrigar-se entre as algas que ali cresciam. Muitas cavalas tinham feito o mesmo; outras, apressadas, espalharam-se completamente pelo meio da enseada. Percebendo que as cavalas tinham-se dispersado, as lulas desceram até o fundo da enseada, onde os pigmentos de seu corpo sofreram uma mudança sutil, com o que se confundiram com a cor da areia. Em pouco tempo, nem mesmo o peixe com visão mais aguçada seria capaz de detectar um inimigo nas redondezas.

As cavalas começaram a se esquecer dos recentes temores e tornaram a perambular isoladamente ou em grupos, de volta aos ancoradouros onde estavam antes, aguardando pelo retorno da maré. Uma após a outra, elas nadavam sobre o local onde uma lula jazia em imobilidade invisível. Então, o que parecia uma elevação da areia moldada pelo movimento da água subitamente rodopiou e agarrou-as.

Com essa tática, as lulas atormentaram as cavalas durante toda a manhã. Apenas os peixes que permaneceram escondidos entre as algas sobre as pedras conseguiram se safar da ameaça de morte instantânea.

No momento em que a maré atingiu seu ponto mais alto, a enseada agitou-se com a chegada de turbas de amoditídeos. Eles estavam sendo perseguidos por um cardume de pescadas-marlongas – peixes delgados, mas fortes, com o comprimento aproximado de um antebraço humano. As pescadas, cujo ventre era prateado, e os dentes, afiados como lanças, tinham avançado sobre os amoditídeos assim que eles emergiram do fundo arenoso de um banco a cerca de 3 quilômetros da enseada, em direção ao mar. Os peixes tinham saído para alimentar-se de copépodes trazidos de regiões distantes pela maré. Eles fugiram aterrorizados, não em direção ao mar, contrariando o movimento da maré e onde poderiam encontrar segurança caso se dispersassem, mas a favor da maré, para as águas rasas do interior da enseada.

Enquanto os amoditídeos tentavam escapar, as pescadas-marlongas lançaram-se sobre eles, avançando de um lado para outro entre os milhares de peixinhos longos e delgados. Scomber, que estava 30 centímetros abaixo da superfície, com as nadadeiras vibrando e os nervos tensos, sentiu as ligeiras vibrações descompassadas dos amoditídeos na tentativa de fuga, e também as investidas das pescadas-marlongas. As águas ao seu redor estavam repletas de sombras perturbadoras. Scomber correu para a penumbra de um ancoradouro, ocultando-se entre as algas que cresciam sobre uma das estacas. Em certa época, ele temera os amoditídeos. Agora, era tão grande quanto eles, mas as águas estavam cheias de alertas sinalizando outros caçadores e perigos.

À medida que os amoditídeos avançaram para o interior da enseada, as águas começaram a ficar mais e mais rasas. Dominados pelo terror causado pelas pescadas-marlongas, eles não se deram conta da baixa profundidade do mar e espalharam-se por ali, às centenas e aos milhares. Ao perceberem o que acontecia abaixo, nas águas agitadas, as gaivotas que os seguiam desde que eles estavam fora da enseada gritaram de modo estridente, felizes ao ver que o fundo do mar arenoso tornava-se prateado. As gaivotas-alegres, de cabeça negra, e as gaivotas-argênteas, com manto cinzento, baixaram agitando as asas, mergulhando metade do corpo na água e capturando os peixes. Embora houvesse fartura suficiente, as gaivotas guinchavam ameaçadoramente para as aves que chegavam depois e tentavam aproveitar o banquete.

Tendo os amoditídeos se juntado em águas pouco profundas, as pescadas-marlongas, num turbilhão ousado que avançava em sua perseguição, atacaram em grande número. Como a maré tinha baixado, não havia meio de escape. Quando a maré se retirou, quase 1 quilômetro de praia prateou-se com os corpos dos peixinhos; entre eles, havia corpos esparsos de seus perseguidores. As lulas tinham seguido as presas e os predadores pelas águas rasas, atraídas pela matança. Muitas tinham ficado encalhadas enquanto se alimentavam dos infelizes amoditídeos. Juntaram-se ali gaivotas e indivíduos de *Corvus ossifragus*, vindos de longe; acompanhados de caranguejos e pulgas-da-areia, eles devoraram os peixes. Durante a noite, o vento e a maré, num mutirão, retiraram da praia o que sobrara dos restos do massacre.

Na manhã seguinte, um pequeno pássaro em um marcante preto e branco, apresentando zonas avermelhadas na plumagem, pousou sobre uma das rochas da enseada e lá ficou, dormitando e sonhando durante um quarto da subida da maré,

9. A enseada

antes de animar-se a comer pequenos caramujos negros que estavam presos à rocha. O pássaro estava exausto do embate contra os ventos do oeste, que tinham ameaçado soprá-lo para o alto-mar quando rumavam para o norte, descendo pela costa. Tratava-se de um vira-pedras, cuja espécie era um dos primeiros grandes grupos de aves a migrar durante o outono.

Quando julho chegava ao fim e agosto se aproximava, o ar morno, movendo-se com o vento do oeste, encontrava o frio ar marinho. O efeito deixava a enseada sob densa e gotejante névoa. Desde a extremidade do promontório até 1,5 quilômetro abaixo dali, a penetrante voz da buzina de alerta de nevoeiro cortava a neblina que caía dia e noite; sinos tocavam em todos os recifes e bancos. Por sete dias não se ouviu a palpitação dos motores dos barcos pela água rumo aos ancoradouros no porto, pois nada se movia sobre o mar, exceto as gaivotas, que conheciam o caminho a ser percorrido no nevoeiro, e as garças, que vinham empoleirar-se sobre as estacas do cais, orientadas pelo cheiro de peixe dos compartimentos de isca dos barcos.

Então, o nevoeiro se dissipou. Seguiram-se, um após outro, dias de céu claro e águas mais azuis. Nesses dias, bandos de aves costeiras passaram sobre a enseada. Como folhas de outono sopradas pelo vento, sua passagem anunciava o fim do verão.

Mas, se a percepção da vinda do outono chegava mais cedo para as criaturas da costa e dos pântanos, ela demorava a alcançar as águas da enseada. Quando finalmente chegou, foi trazida pelo vento sudoeste. Lá pelo fim de agosto, um vento em direção ao continente trouxe chuva de um céu mais cinzento do que a plúmbea superfície da enseada. Durante dois dias e noites, a tempestade vinda do sudoeste se manteve como um incessante golpear de oblíquos dardos que perfuravam a superfície do mar. A chuva tinha precedência sobre as idas e vindas das marés, de modo que a água subia e descia sem o ímpeto das ondas. As marés cheias chegavam até o topo do quebra-mar, provocando a submersão de muitos dos barcos de pesca, os quais desceram até o fundo do mar, atraindo peixes que vieram explorar as formas estranhas àquele ambiente. Todos os peixes ficavam em grandes profundidades. As andorinhas agrupavam-se, encharcadas e decepcionadas, sobre as rochas da enseada, pois, com a chuva tamborilando sobre a opacidade cinza da água, elas não podiam enxergar os peixes. Diferentemente, as gaivotas banqueteavam-se, uma vez que as altas marés das tempestades traziam à enseada muito alimento sob a forma de animais feridos e refugos.

Após o primeiro dia de tempestade, muitas algas de talos estreitos, lâminas denteadas e estruturas de flutuação parecidas com frutinhos redondos começaram a aparecer na angra. No dia seguinte, a água estava repleta de sargaços que o vento trouxera da corrente do Golfo. Entre os talos das algas, havia pequenos peixes com cores brilhantes também trazidos da corrente de muito longe até o sul, iniciando uma longa jornada larval em águas tropicais. Eles tinham sido protegidos pelas algas durante os numerosos dias e noites de sua viagem para o norte. Quando o vento soprou as algas para fora do rio azul de água tropical, os peixes as acompanharam até os bancos costeiros. Muitos deles permaneceriam ali até que a chegada do frio (ao qual não estavam adaptados) interrompesse abruptamente sua vida.

Depois da tempestade, as águas das marés cheias chegaram carregadas de medusas-da-lua (*Aurelia*). Era uma jornada fatal para essas lindas e alvas medusas. Durante uma estação, o oceano as tinha carregado, retirando-as das rochas cobertas por algas e conchas da costa, onde começaram a vida como seres diminutos, parecidos com plantas pendentes de pedras ao longo de todo o inverno. Na primavera, uma série de discos achatados brotou dessas pequenas criaturas. Os discos rapidamente transformaram-se em sinos natantes, os quais evoluíram para a fase adulta. Elas viveram na superfície enquanto o sol brilhava e o sopro do vento era contido, frequentemente reunindo-se em colunas que serpenteavam ao longo de quilômetros na região de contato entre as duas correntes. Nesses locais, seu esplendor opalescente era visto por gaivotas, andorinhas e gansos-patola.

Após algum tempo, as medusas amadureceram seus ovos e os carregaram nas novas dobraduras e margens de tecidos que pendiam como mangas vazias pelas laterais dos discos. Talvez o esforço para a desova as tenha enfraquecido, pois, com os tecidos intumescidos e as bolsas de ovos infladas com ar, muitas soçobravam e flutuavam à deriva nos mares no final do verão. Eram, então, alvo de enxames de pequenos crustáceos com mandíbulas famintas, que lhes tiravam a vitalidade ou as destruíam.

A tempestade do sudoeste, que penetrava profundamente nas águas, tinha encontrado as medusas-da-lua. Águas encrespadas apanharam-nas e arrastaram-nas para a costa. Em virtude dos solavancos e das cambalhotas, as medusas perderam muitos tentáculos, e seus delicados tecidos acabaram danificados. Todas as marés cheias traziam mais discos pálidos de medusas para a enseada e arremessava-os sobre as rochas da beira-mar. Ali, seus corpos ficaram separados do mar, mas só até que as larvas neles retidas fossem liberadas nas águas rasas. Então, o ciclo se fecharia, pois mesmo que a substância das medusas-da-lua seja reivindicada pelo mar para outros usos, as jovens larvas se estabelecem sobre as rochas e conchas, preparando-se para o inverno, de modo que, na primavera, uma nova geração de pequenos sinos surja e migre para longe.

10. Rotas marítimas

AS HORAS DE ESCURIDÃO igualavam-se em número às que traziam a luz do dia; o Sol passava pela constelação de Libra; a Lua de setembro se reduzia a um finíssimo fantasma de si própria. As marés rolavam para dentro da enseada, espumando em suas investidas contra as rochas, e depois se dirigiam para o mar, de onde tinham vindo. Dia após dia, elas levavam embora muitos peixes da enseada. Então, veio uma noite em que a maré cheia despertou uma estranha inquietude em Scomber, a jovem cavala-macho. Naquela noite, ela foi levada pela maré baixa que corria para o mar. Fazendo-lhe companhia, muitas jovens cavalas que tinham passado o final do verão na enseada também foram conduzidas para o oceano, num cardume de várias centenas de peixes completamente formados; cada um deles já exibia comprimento mais longo que a mão humana. Deixavam para trás a vida agradável da enseada; até que a morte os reclamasse, seu mundo seria o mar aberto.

As cavalas deixaram-se levar pelo torvelinho das águas próximas às rochas da entrada da baía e foram carregadas por uma rápida corrente que ia em direção ao mar. Estavam agora em água bem salgada, clara e fria; na passagem sobre rochas e bancos, houve tamanha agitação na camada superficial da água que ela estava agora repleta de oxigênio. Através dessa água, as cavalas corriam sôfregas, com seus corpos vibrando desde o focinho até as últimas nadadeiras caudais. Estavam prontas, ansiosas pela nova vida que as aguardava. Na enseada, elas passaram por percas-do-mar escuras que perambulavam pela maré, aguardando a oportunidade de apanhar pequenos crustáceos e nereidas que a água porventura arrancasse de rochas ou de orifícios no fundo do canal. As cavalas desviaram-se das formas escuras, disparando lampejos prateados pelas águas além do canal onde ficava a enseada, todas acompanhando a direção da maré.

Fora da enseada, a maré movia-se com ritmo mais regular, porém mais pesado, carregando as cavalas para águas fundas. Ali, o mar passava sobre colinas que se elevavam em gigantescos degraus desde o leito do mar aberto. Às vezes, as cavalas sentiam o empuxo da corrente abaixo delas; isso acontecia toda vez que passavam sobre um banco de areia ou recife de rochas cobertas por algas. Mas os murmúrios da água que passava sobre montes de areia, conchas ou rochas iam ficando mais e mais remotos à medida que o fundo do mar se inclinava para baixo. Então, os ritmos e as vibrações sonoras que chegavam até os peixes em migração provinham da água, e apenas dela.

O cardume das jovens cavalas avançava quase como um único peixe. Nenhum membro do grupo era líder; no entanto, cada um tinha uma aguda percepção da presença e do movimento de todos os demais. Os que estavam na periferia do cardume desviavam-se para a direita ou para a esquerda, acelerando ou reduzindo a velocidade, em consonância com os outros peixes do grupo.

De vez em quando, com a aproximação dos negros contornos dos barcos de pesca que cruzavam seu caminho, as cavalas, alarmadas, davam uma guinada. Mais de uma vez elas dispararam, em pânico momentâneo, através de malhas de redes armadas transversalmente às marés. Eram ainda pequenas demais para ficarem presas nas malhas. Às vezes, vultos escuros vindos das águas sombrias arremetiam contra elas; certa feita, uma grande lula apareceu e perseguiu-as: os peixes e o molusco dispararam para lá e para cá entre um aterrorizado cardume de arenques de dois anos de idade, dos quais a lula vinha se alimentando.

Tendo percorrido cerca de 5 quilômetros a partir da enseada em direção ao mar, as cavalas, ao aproximarem-se de uma ilha, sentiram que as águas marítimas estavam novamente rasas. A ilha pertencia às aves marinhas. Na estação de reprodução, as andorinhas-do-mar faziam ninhos na areia. As gaivotas-argênteas levavam os filhotes para baixo dos pés de ameixa-da-praia e dos arbustos-de-sebo,[1] ou para rochas planas costeiras. Indo em direção ao mar, a partir da ilha, encontrava-se um recife subaquático denominado The Ripplings[2] pelos pescadores. Sobre ele, a água encrespava-se e formava redemoinhos espumantes. Quando as cavalas

---

1   *Myrica cerifera*, uma planta medicinal. (NT)
2   Termo inglês para "rugosidades", indicando que a água sobre o recife era muito agitada. (NT)

10. Rotas marítimas

passaram por ali, um numeroso grupo de pescadas-polacas saltava animadamente sobre a maré agitada. Dos corpos das pescadas partiam lampejos alvos, enquanto as ondas formavam espumas sob a tênue luz lunar.

Quando o cardume já havia percorrido 1,5 quilômetro após o recife, as cavalas foram agitadas por um súbito pânico causado pelo aparecimento de meia dúzia de toninhas, que tinham subido à superfície para soprar. As toninhas estavam se alimentando num banco de areia abaixo dali, desentocando amoditídeos que ficavam enterrados na areia. Assim que os cetáceos se viram em meio ao cardume de cavalas, eles avançaram sobre os pequenos peixes com suas mandíbulas estreitas e arreganhadas, matando alguns deles. Mas, quando o cardume fugiu sobressaltado pelo mar, as toninhas não o seguiram, pois já tinham se fartado com os amoditídeos.

Quando chegou o alvorecer, as jovens cavalas já haviam cruzado muitos quilômetros em mar aberto. Encontraram, então, pela primeira vez, peixes mais velhos de sua própria espécie. Um cardume de cavalas adultas movia-se rapidamente pela superfície do mar, promovendo uma forte agitação nas águas. Suas bocas rasgavam a água, e seus olhos ansiosos voltavam-se embaçados para o cenário de céu e ar. Os caminhos de ambos os cardumes – o dos jovens e o dos adultos – fundiram-se por um momento numa inextricável confusão. Mas, logo em seguida, cada um seguiu sua rota.

As gaivotas tinham chegado cedo de seus locais de repouso nas ilhas costeiras. Agora, patrulhavam o mar com olhos atentos, sem perder nada do que acontecia nas camadas superficiais. Olhavam para um ponto bem distante, enquanto o sol se erguia e o brilho de seus raios refletia na superfície. As gaivotas viram o cardume de jovens cavalas nadando alguns centímetros abaixo do nível da água. À distância de meia dúzia de cristas de ondas a leste, elas viram duas nadadeiras escuras, parecendo lâminas de foice, cortando a superfície. Pela altura das nadadeiras, as gaivotas sabiam que se tratava de peixes grandes que nadavam logo abaixo do teto do mar, apenas com a longa nadadeira dorsal e a parte superior da cauda expostas fora da água. Era comum o peixe-espada (que media mais de 3 metros da ponta da espada até a cauda) permanecer preguiçosamente abaixo da superfície; talvez estivesse sondando, com sua nadadeira dorsal, os movimentos da agitação superficial, de modo a dirigir seu curso de acordo com o vento. Fazendo assim, era certo que encontraria farto material de plâncton, habitualmente seguido por peixes predadores que acompanhavam a água superficial movida pelo vento.

As gaivotas, que observavam o peixe-espada e o cardume de jovens cavalas, agora notavam uma grande perturbação aproximando-se do sudeste. Um enorme cardume de camarões-de-olhos-grandes deslocava-se com a corrente da maré cheia, a qual recebia reforço de um vento que soprava em direção à terra. Mas os camarões não estavam se alimentando do plâncton miúdo, como normalmente as gaivotas os viam fazer; também não estavam perambulando pacificamente na superfície do mar. Em vez disso, eles tentavam escapar de algo que os perseguia. Eram seres terríveis, com bocas abertas. Tratava-se de um bando de arenques que predava os camarões com investidas curtas e rápidas. Os camarões disparavam em máxima velocidade, usando todas as forças de suas pernas natatórias, achatadas como pás de remos. Enquanto a distância entre perseguidores e perseguidos diminuía progressivamente, um camarão, encontrando em seu corpo transparente alguma força remanescente, escapou arremessando-se para cima da água, assim que as mandíbulas de um arenque se escancararam atrás dele. Mas o arenque prosseguiu em tenaz perseguição. Ainda que um camarão possa saltar meia dúzia de vezes no ar, raramente ele escapa se um arenque o tiver marcado como vítima.

Os seres do plâncton, carregados pelo vento e pela corrente, bem como os peixes que os seguiam, estavam sendo levados a caminho da terra; na direção deles nadavam as cavalas, vindas do nordeste, e o peixe-espada, originário do noroeste. Quando as margens da nuvem de plâncton alcançaram as cavalas, os peixes jovens começaram a abocanhar avidamente os camarões, que eram um alimento maior do que grande parte da comida que elas conheceram na enseada. Num dado momento, porém, as cavalas se viram no meio do cardume de arenques. Os ataques dos peixes maiores lhes trouxeram pânico e, por isso, elas correram para maiores profundidades.

As gaivotas viram as duas nadadeiras pretas mergulharem, abandonando a superfície. Também viram os contornos do peixe-espada tornarem-se indistintos, quando o grande peixe afundou na água e começou a mover-se sob os arenques. O que aconteceu em seguida foi parcialmente ocultado das gaivotas pela agitação da superfície e pelos borrifos de água. Elas perceberam, então, que uma matança estava ocorrendo ali, o que as atraiu. Quando chegaram perto e pairaram com curtas batidas de asas, puderam ver um vulto escuro que rodopiava e avançava, atacando freneticamente em meio aos arenques, que estavam compactamente agrupados. A água na superfície ficou branca por causa da espuma. Quando a agitação se amainou, grande número de arenques assomou à superfície com espinhas quebradas; outros nadavam com dificuldade e postavam-se obliquamente à água, atordoados. Era como se tivessem sido feridos por fortes golpes de espada. Eles foram facilmente capturados pelo grande peixe dotado de pequenas mandíbulas. Porém, muitos dos arenques mortos foram capturados pelas gaivotas,

10. Rotas marítimas

que desceram para banquetear-se com o resultado do massacre provocado pelo peixe-espada.

Depois de matar e comer até ficar saciado, o grande peixe foi para a superfície do mar, onde a água aquecida pelo sol o embalava, causando-lhe sonolência. Os cardumes de arenques mergulharam para regiões mais profundas. As gaivotas foram para mais longe no mar aberto, esperando e observando o que poderia surgir vindo do fundo para a superfície da água.

Dez metros abaixo do cardume de jovens cavalas, surgiu uma nuvem carmesim formada por milhões de pequenos copépodes da espécie *Calanus*, que estavam à deriva na corrente. As cavalas alimentaram-se desses crustáceos vermelhos, que eram sua comida favorita. Quando a corrente arrefeceu hesitante, tornando-se fraca demais para carregar o plâncton consigo, o alimento vermelho mergulhou para regiões mais profundas, seguido pelos peixes. Na profundidade de 30 metros, as cavalas chegaram a um fundo forrado com cascalhos. Era o platô de uma longa montanha submarina que formava um arco em direção ao sul e encontrava outra montanha que começava no oeste, de modo que as duas constituíam uma cordilheira semicircular, entremeada por um profundo vale de água. Devido à sua forma, essa região era conhecida como Ferradura pelos pescadores que, com suas redes de arrasto, ali apanhavam hadoques, bacalhaus e zarbos.

Ao mover-se através das águas pouco profundas, as cavalas viram que o leito do mar começava a se inclinar para baixo. A cerca de 15 metros abaixo da parte mais elevada da montanha submarina estava a borda do barranco que descia de modo íngreme para a parte mais baixa e central daquele fosso. A 90 metros abaixo do local em que estavam as cavalas ficava a parte profunda do vale, cujo leito era forrado com lama mole e pegajosa, em vez de cascalhos e conchas quebradas. Muitas merluzas viviam na parte profunda do vale, obtendo alimento na escuridão e movendo-se bem perto do leito, raspando a lama com suas longas e sensíveis nadadeiras. Temendo instintivamente as águas profundas, o cardume de cavalas deu meia-volta e começou a subir o declive até o platô da montanha. Ali, elas nadaram logo acima do chão, num mundo que lhes era novo e estranho, já que até então tinham vivido apenas próximo à superfície da água.

Enquanto se moviam pela montanha, as cavalas eram observadas por muitos olhos que miravam para o alto, a partir da areia no fundo, notando tudo o que se passava acima. Eram olhos de linguados, cujos corpos achatados e acinzentados ficavam sob uma fina camada de areia, de modo que permaneciam ocultos tanto para os grandes peixes predadores quanto para os camarões e caranguejos que corriam sobre o fundo do mar e se tornavam presas fáceis. As grandes bocas dos linguados eram munidas de dentes afiados e escancaravam-se até o nível dos olhos. Os linguados eram predadores ocasionais de peixes, mas, para eles, as cavalas eram rápidas e ativas demais: não compensavam a tentativa de elevar-se de seus esconderijos e empreender uma perseguição.

Frequentemente, quando as jovens cavalas moviam-se pelo banco, um peixe grande, bastante corpulento, com nadadeiras dorsais altas e pontudas, aproximava-se, causando alarme. Era um hadoque que passava e desaparecia na obscuridade das águas. Os hadoques eram numerosos na Ferradura, região rica em animais de concha, equinodermos e vermes formadores de tubo, que são seu alimento. Muitas vezes, as cavalas se deparavam com pequenos grupos de dez ou mais hadoques que fuçavam o fundo do mar, parecendo porcos na lama. Eles escavavam em busca de vermes ocultos em túneis que penetravam fundo na areia. Ao vasculhar e escavar com o focinho, as manchas escuras que marcavam seu dorso, chamadas "marcas do diabo", e as negras linhas que corriam nas laterais de seu corpo sobressaíam-se vividamente na luz esmaecida do fundo do mar. Os hadoques continuavam a escavação, sem dar atenção às jovens cavalas que corriam por ali assustadas, com agitados movimentos das caudas. Eles raramente alimentavam-se de peixes quando o fundo do mar tinha abundância de comida.

Numa ocasião, uma criatura semelhante a um morcego, porém com 2,5 metros de comprimento e 0,5 metro de envergadura, subiu do fundo arenoso, batendo seu corpo delgado. Tão ameaçador e terrível foi seu aparecimento que o cardume de jovens cavalas disparou para cima, subindo vários metros, até que uma camada suficiente de água as ocultou da visão da raia-prego.

Na parte frontal de uma íngreme elevação rochosa, elas viram um objeto estranho oscilando com o movimento da maré, que fluía com força pela montanha. O objeto não possuía mobilidade própria, embora o sabor que dele se espalhava pela água lembrasse peixe. Scomber farejou o pedaço de arenque pendente de um grande anzol de aço e, ao fazê-lo, espantou vários peixes-escorpiões que mordiscavam a isca, grande demais para que um peixe tão pequeno pudesse levá-la. Acima do anzol, uma linha escura e esticada dirigia-se a um fio mais longo, o espinel, que corria horizontalmente sobre o platô, atravessando quase 2 quilômetros de água. Ao percorrer o platô, Scomber e seus companheiros viram muitos desses anzóis com isca, ligados ao espinel por linhas curtas. Alguns deles prendiam peixes grandes como hadoques, que se viravam e se contorciam lentamente nos ganchos engolidos. De um dos anzóis pendia um grande zarbo, peixe poderoso e encorpado, com aproximadamente 90 centímetros de comprimento. O zarbo tinha vivido na montanha como um peixe solitário, passando grande parte do tempo escondido entre as algas que cresciam nas rochas da borda externa do platô. O cheiro da isca de arenque o atraiu, fazendo-o deixar seu esconderijo e engolir o anzol. Na luta para libertar-se, o zarbo enroscou o corpo várias vezes na linha.

Enquanto as pequenas cavalas afastavam-se da estranha visão, o zarbo foi levado lentamente para cima através da água, em direção a uma mancha obscura, parecida com um peixe monstruoso na superfície acima. Os pescadores recolhiam os anzóis, remando de uma linha a outra. Se havia um peixe no anzol, eles o matavam golpeando com uma clava curta; os peixes de valor comercial eram jogados no fundo do barco, os demais eram devolvidos ao mar. Já se passara uma hora desde a virada da maré para a fase cheia, e, embora as linhas tivessem sido lançadas há apenas duas horas, os pescadores tinham de recolhê-las. Na Ferradura, as correntes eram muito fortes, de modo que as linhas com anzóis só podiam ser armadas e puxadas durante a maré baixa.

Naquele momento, as cavalas chegavam à borda da Ferradura voltada para o mar, onde a parede rochosa despencava num desfiladeiro íngreme que se estendia por aproximadamente 150 metros para baixo. Toda essa parte periférica da montanha era constituída de rocha sólida e, por isso, suportava a pressão da água do oceano aberto. Passando sobre a borda e a água intensamente azul, Scomber encontrou uma estreita saliência a cerca de 6 metros abaixo do início do declive. Algas laminárias coriáceas e amarronzadas cresciam nas fendas e camadas de rochas que cobriam aquela protuberância; delas pendiam fitas que se estendiam por 6 metros, ou mais, nas correntes mais fortes que passavam pela parede rochosa. Scomber buscou caminho entre os talos planos e oscilantes das algas. Ao fazer isso, ele assustou uma lagosta que repousava na saliência, escondida da visão dos peixes que passavam pelas algas. Na parte inferior de seu corpo, a lagosta carregava milhares de ovos presos às cerdas de suas pernas natantes. Os ovos não eclodiriam até a próxima primavera; enquanto isso, a lagosta corria constante perigo de ser encontrada por inimigos famintos em busca de comida, como uma enguia ou um bodião-do-norte, que poderiam roubar seus ovos.

Passando por ali, Scomber repentinamente se deparou com um bacalhau-da-rocha de 1,8 metro de comprimento e peso aproximado de 100 quilos, um verdadeiro monstro de sua espécie, o qual vivia na saliência, entre as algas. O bacalhau tinha chegado àquele tamanho por causa de sua astúcia. Anos antes, ele encontrara a elevação na rocha, acima do vale profundo. Sabendo por instinto que aquele era um bom local para caça, apropriou-se da saliência e afastou ferozmente outros bacalhaus. Passava grande parte em repouso sobre a rocha, que ficava na profunda sombra púrpura depois que o sol passava pelo zênite. De seu esconderijo, ele podia subitamente atacar e apanhar peixes que passassem ao longo da parede rochosa. Muitos peixes encontraram a morte em suas mandíbulas, entre eles bodiões-do-norte, peixes-escorpiões-com-orelha-em-gancho, hemitrípteros com nadadeiras franjadas, linguados, cabrinhas, blênios e raias.

A visão da jovem cavala-macho despertou a fome do bacalhau, que saiu do semitorpor em que estava mergulhado desde a última refeição. O grande peixe balançou o corpo, saindo de seu esconderijo, e iniciou uma subida íngreme na água. Scomber fugiu ao perceber que ele vinha em sua direção. Quando a cavala se juntou ao seu grupo, que estava parado no meio de uma corrente de água que fluía para cima na encosta da Ferradura, o cardume todo sentiu o perigo e se alarmou, correndo através das águas do banco de areia, enquanto o vulto escuro do bacalhau se tornava visível na borda da parede rochosa.

O bacalhau explorava a região da Ferradura e alimentava-se de todas as pequenas criaturas, com ou sem concha, que viviam no fundo do mar ou acima dele. Aterrorizava linguados que ficavam sobre a areia, os quais disparavam quando percebiam sua chegada; capturava pequenos hadoques, girando na água em frenética perseguição; apanhava até mesmo jovens peixes de sua espécie que tinham recentemente completado o período de vida na superfície e desciam para viver como verdadeiros bacalhaus no fundo do mar. Devorava dúzias de grandes mexilhões, engolindo-os inteiros. Depois que a carne era digerida, ele expelia as conchas, embora frequentemente carregasse, durante dias, até uma dúzia de conchas grandes empilhadas em seu estômago. Quando não conseguia mais encontrar mexilhões, ele buscava alimento no musgo-irlandês que forrava a orla da Ferradura com um tapete espesso e esponjoso, na esperança de encontrar caranguejos abrigados profundamente entre as frondes onduladas.

A 2 quilômetros da Ferradura, o cardume de cavalas percebeu um estranho distúrbio na água. Não se parecia com nada que elas conheceram durante sua vida na enseada, nem durante o período anterior a essa experiência, do qual agora restavam apenas memórias muito vagas, tempo em que perambulavam com outras criaturas do plâncton na superfície do mar. A percepção do distúrbio chegou até elas como uma vibração pesada e surda, sentida pelos canais que formam as linhas laterais de seus flancos sensíveis. Não era a sensação de vibrações de água sobre um recife rochoso, nem de ondas sobre o banco de areia, mas se parecia muito com esse tipo de agitação.

A perturbação cresceu em magnitude. Um grupo de pequenos bacalhaus se apressava, nadando regularmente em direção à borda do platô. Um a um, e depois em grupos que cresciam até formar cardumes, outros peixes cruzavam a água: grandes raias com ferrão (parecidas com morcegos), hadoques, bacalhaus, linguados e um pequeno hipoglosso. Todos seguiam afoitos em direção à borda do precipício e para longe da agitação, que crescia até preencher toda a água com uma trêmula vibração.

Algo gigantesco e escuro, semelhante a um peixe monstruoso e de incrível tamanho, assomou na água; toda a sua parte anterior era uma ampla boca escancarada. Ao ver a rede em forma de cone e a disparada dos outros peixes, o cardume de cavalas, que estivera confuso e incapaz de tomar uma decisão ao sentir a estranha vibração, de repente moveu-se como um único indivíduo, rodopiando e subindo. Em sua ascensão, as águas se tornavam mais claras e pálidas, ficando para trás a obscuridade do estranho mundo da montanha. As cavalas retornaram às águas superficiais, que eram o seu lar.

Os peixes que habitavam ambientes mais fundos não tinham instinto que os guiasse para águas iluminadas pelo sol e lhes possibilitasse a fuga. A rede cônica tinha sido arrastada por toda a Ferradura e conseguira aprisionar em sua bolsa cavernosa toneladas de peixes comerciáveis, além de grande quantidade de gorgonocéfalos, pitus, caranguejos, caracóis, mexilhões, pepinos-do-mar e vermes brancos formadores de tubos.

O velho bacalhau – aquele que vivia na saliência da parede do abismo – moveu-se logo à frente da abertura da rede cônica. Não era a primeira rede cônica vista por aquele peixe monstruoso; não era nem mesmo a centésima. Bem atrás dele, as aberturas guarnecidas de ferro, que serviam para ampliar a boca da rede, estavam estiradas por longos cabos de arraste tensionados, que se dirigiam obliquamente pela água até um barco a motor, situado cerca de 300 metros adiante da rede.

Enquanto o bacalhau nadava tranquila e pesadamente sobre o fundo do mar, ele via que a água à sua frente se alterava, assumindo a cor de águas que ficam sobre grandes profundidades. Foi assim que ele se acostumou a perceber quando chegava perto da saliência onde vivia sobre o precipício profundo do mar. As peças na abertura da rede cônica de arraste arranharam sua nadadeira caudal. Arregimentando a enorme força dos músculos de seu corpo, ele empreendeu uma desabalada carreira, passando através do vácuo azul e alcançando com precisão a saliência na encosta, 6 metros abaixo.

Apenas um instante após o bacalhau ter passado através dos talos marrons e oscilantes das laminárias e sentido a rocha lisa da saliência sob seu corpo, a rede passou pela borda da encosta e foi descendo às águas profundas, percorrendo o curso de uma extremidade a outra do declive.

11. O veranico no mar

O ESPÍRITO DO MAR de outono era ouvido nas vozes das gaivotas-tridáctilas, que começavam a chegar em bandos em meados de outubro. Milhares delas rodopiavam sobre a água, descendo com as asas em arco, para apanhar pequenos peixes que corriam através do verde translúcido. As gaivotas vieram em direção ao sul, partindo de seus territórios de acasalamento nas costas íngremes do Ártico e nos blocos de gelo da Groenlândia. Com elas, os primeiros sopros do inverno passavam pelo mar, que se acinzentava.

Havia outros sinais de que o outono se aproximava. Todos os dias, os voos das aves oceânicas – que em setembro eram como flocos rarefeitos passando no alto das águas costeiras da Groenlândia, Labrador, Keewatin e Baffin Land –, agora se espessavam e se avolumavam, com seu apressado retorno ao mar. Havia gansos-patola, fulmares, gaivotas-rapineiras, mandriões-grandes, tordas-anãs e falaropos. Seus bandos espalhavam-se sobre todas as águas acima da plataforma continental, onde cardumes de peixes da superfície marinha e animais do plâncton se alimentavam.

Os gansos-patola, predadores de peixes, dominavam o céu ao passarem com seus corpos alvos, enquanto esquadrinhavam o mar em busca de presas. Quando percebiam alguma coisa lá embaixo, eles desciam céleres de uma altura de 30 metros. O impacto de seus corpos contra a água era atenuado por uma almofada formada por bolsas de ar sob a pele que os revestia. Os fulmares alimentavam-se de peixes que formam pequenos cardumes, lulas, crustáceos, sobras de barcos

11. O veranico no mar

pesqueiros e qualquer outro alimento que podiam aproveitar na superfície marinha; porém, eram incapazes de mergulhar como os gansos-patola. As tordas-anãs e os falaropos alimentavam-se de plâncton; as gaivotas-rapineiras e os mandriões-grandes viviam principalmente do que podiam roubar de outras aves e raramente pescavam seu próprio alimento.

Antes que chegasse a primavera, poucas dentre essas aves veriam terra de novo. Agora, elas novamente pertenciam ao mar invernal, que compartilhava sua luz diurna e suas trevas, tempestades e calmarias, granizo e neve, sol e nevoeiro.

De início, em seu primeiro ano de vida após terem deixado a enseada no final de setembro, as cavalas viveram timidamente no mar aberto, perdidas em sua vastidão, depois de se habituarem à limitada extensão da enseada. Durante os três meses na angra protegida, elas sintonizaram seus movimentos aos ritmos das marés, alimentando-se na cheia e repousando na vazante. Agora, a correnteza da maré nas águas superficiais – que, tanto no mar aberto quanto ao longo da costa, cedia aos efeitos de atração do sol e da lua – era quase imperceptível às jovens cavalas. Para elas, as marés ficavam diluídas nas oscilações mais vastas das águas. Ao perambular pelo oceano, ainda não familiarizadas com os caminhos das correntes e a variação da salinidade, elas procuravam em vão os refúgios seguros da enseada, a sombra dos ancoradouros de pesca e as florestas de algas sobre as rochas. Contudo, eram obrigadas a mover-se continuamente no espaço verde livre.

Scomber e as outras jovens cavalas tinham crescido rapidamente desde que deixaram a enseada, vivendo do abundante alimento disponível no oceano aberto. Estavam agora no sexto mês de vida e tinham entre 20 e 25 centímetros de comprimento. Durante as primeiras semanas no mar aberto, as cavalas moviam-se regularmente para o norte e o leste. Nessas águas mais frias, os copépodes vermelhos, seu alimento favorito, tingiam quilômetros de oceano com o carmesim de seus pequenos corpos. À medida que as cavalas atingiam maiores distâncias da costa e os dias de outubro eram demarcados pelo sol, elas encontravam-se mais frequentemente entre as cavalas maiores, oriundas das desovas dos últimos doze anos. O outono era a época das grandes migrações de cavalas. O movimento da migração de verão, que levara muitos peixes para o norte, na direção do golfo de St. Lawrence e da costa da Nova Escócia, tinha ultrapassado seu auge; a maré cheia dera lugar à vazante; uma vez mais, os peixes moviam-se para o sul.

Lentamente, o calor do verão extinguia-se na água. Jovens caranguejos, mexilhões, cracas, vermes, estrelas-do-mar e crustáceos de numerosas espécies tinham desaparecido do plâncton, pois, no oceano, a primavera e o verão são as estações de nascimento e juventude. Apenas para algumas das mais simples criaturas o veranico no mar trouxe uma breve e deslumbrante renovação de vida, de modo que elas se multiplicaram milhões de vezes. Entre essas criaturas, incluíam-se seres unicelulares, como os protozoários – pequenos como uma ponta de agulha –, que estão entre os principais emanadores de luz marinhos. Os cerátios "chifrudos" são gotas de protoplasma com três grotescas protuberâncias parecidas com cornos. Nas noites marinhas de outubro, eles espalhavam pontos prateados, enchendo as vastas áreas de águas superficiais, tornando-as mais densas e lentas. O minúsculo globo que forma o corpo das noctilucas – pouco visíveis aos olhos humanos – brilhava com grãos submicroscópicos de luz em seu interior. Nesse período outonal, havia grande abundância de protozoários. Nas regiões em que eles fervilhavam, cada peixe que por ali passasse era banhado em luz; as ondas que quebravam nos recifes ou nos bancos de areia jogavam para o ar gotículas de líquido incandescente, e cada mergulho do remo de um pescador era como o lampejo de um farolete na escuridão.

    Numa noite dessas, as cavalas encontraram uma rede de pesca abandonada na água. A rede se mantinha na superfície pela ação de flutuadores, e pendia perpendicularmente da linha presa às cortiças, como uma gigantesca rede de quadra de tênis. As malhas da rede eram grandes o suficiente para permitir a passagem de cavalas com menos de um ano de vida, mas peixes maiores ficariam presos ali. Nessa noite, nenhum peixe tentou atravessá-la, pois todas as suas malhas pendiam com luzes de advertência. Protozoários, dáfnias e anfípodes luminosos prendiam-se à rede no mar escuro; a vibração do mar agitava em seus corpos inúmeras cintilações. A imensa diversidade de vida microscópica do mar parecia prender-se à rede como se aquelas malhas oferecessem estabilidade num mundo inquieto, agarrando-se a ela com cílios protoplasmáticos, tentáculos e garras. A diversidade de vida aderida à rede incluía algas do tamanho de uma partícula de poeira até animais menores que um grão de areia, seres que vagueiam, do nascimento até a morte, num oceano de tamanho infinito e fluidez perene. A rede brilhava como se tivesse vida própria; sua radiância cintilava no negro mar e submergia na escuridão abaixo. A luz atraía muitas criaturinhas que subiam da água profunda e reuniam-se em torno das malhas da rede, onde repousaram a noite toda, no imenso mar escuro.

    As cavalas, curiosas, cheiravam a rede e, ao tocarem nas malhas, todas as pequenas lanternas do plâncton luziam com maior claridade. Os jovens peixes seguiram a extensão da rede por quase 2 quilômetros, pois ela estava armada em seções, uma ligada à outra. Outros peixes colidiam contra a rede. Alguns tiravam das malhas pequenas criaturas que delas pendiam, mas nenhum ficou preso ali.

11. O veranico no mar

Nas noites de lua cheia, o brilho da radiação lunar ofuscava as luzes dos animais planctônicos. Então, muitos peixes, sem perceber a rede, acabavam presos nela. Cientes disso, os donos das redes pescavam apenas quando a lua estava mais brilhante. Essa rede tinha sido armada duas semanas antes, logo após o término da fase cheia da lua. Durante vários dias, dois pescadores tinham usado uma lancha a gasolina para estendê-la. Em seguida, houve uma noite de mar agitado, com rajadas de vento e chuva em redemoinhos sobre a água. Desde aquela noite a lancha não tinha retornado, pois ficara encalhada num banco de areia a cerca de 2 quilômetros dali. As correntes haviam trazido um mastro que acabara de rachar e acabou ficando preso à rede.

Deixada ao seu próprio destino, a rede prendia peixes noite após noite. Quando a luz da lua perdurava, muitos peixes ficavam enredados. Ao apanhá-los, cações abriram grandes buracos na malha. Porém, quando a luz da lua esmaecia, as lanternas no plâncton brilhavam com maior intensidade e os peixes não eram mais capturados.

Num dia, bem cedo pela manhã, enquanto o cardume de cavalas nadava para o leste, Scomber viu sobre si uma mancha escura, longa e estreita. Era uma tora de madeira que estava sendo carregada pela corrente. Ele viu o resplendor das escamas prateadas de vários pequenos peixes que se moviam ao lado da tora. Scomber nadou para cima a fim de investigar. A tora tinha sido parte do carregamento de um cargueiro de madeira que ia para o sul, em direção à Nova Escócia, quando enfrentou uma tempestade ao largo do cabo Cod. O navio foi arremessado contra um baixio e submergiu; boa parte da madeira foi carregada pelo vento para a região costeira. Quando a tormenta amainou, uma parte da carga foi conduzida mar adentro e apanhada pelas amplas correntes oceânicas que circundam os bancos pesqueiros no sentido horário. A maior parte das toras que ficavam à deriva convertia-se nos únicos abrigos disponíveis no mar aberto. Scomber juntou-se ao pequeno grupo de peixes e, por alguns instantes ficou indiferente aos movimentos do cardume de cavalas, recordando os períodos mais precoces de sua vida, nos quais as sombras dos ancoradouros de pesca e dos barcos atracados na enseada representavam segurança contra as investidas de gaivotas, lulas e grandes peixes predadores.

Não muito depois de Scomber juntar-se aos peixes que acompanhavam a tora, meia dúzia de andorinhas-do-mar pousou sobre o pedaço de madeira, batendo fortemente as asas e tentando firmar as patas delgadas na superfície escorregadia pela presença de algas. Desde que deixaram a praia bem mais ao norte, no dia anterior, era a primeira vez que aquelas aves pousavam. As andorinhas temiam descer sobre a água, pois, embora sua espécie alimente-se de frutos do mar, elas não são verdadeiros animais marinhos. Para elas, o mar é um elemento estranho ao qual se entregam durante um breve e atemorizante período – isto é, quando mergulham para apanhar um peixe –, e não um local no qual elas repousam de bom grado seus frágeis corpos.

As ondas deslizavam sob a extremidade dianteira da tora e elevavam-na suavemente em direção ao céu. Uma após outra, as ondas corriam rápidas ao longo do tronco, fazendo-o deslizar para os vales entre elas. À medida que a tora balançava e avançava pelo mar, sete pequenos peixes seguiam abaixo dela; as andorinhas equilibravam-se na parte de cima, como pescadores numa jangada. Enquanto descansavam em pleno oceano, as andorinhas-do-mar alisavam as penas, satisfeitas por serem carregadas, embora a rota da corrente fosse distinta da que elas seguiam quando chegaram. Elas esticavam as asas bem acima da cabeça, flexionando os músculos exaustos. Algumas dormiam.

Um pequeno bando de petréis baixou perto da tora, mantendo-se graciosamente logo acima da água, por meio de movimentos dos pés e oscilações das asas. Suas vozes eram os mais finos e indistintos sons. Eles sussurravam seus nomes, vezes e vezes seguidas: *piterel, piterel*. Os petréis tinham vindo investigar uma densa massa de crustáceos muito pequenos que se alimentavam do corpo flutuante de uma lula morta. Tão logo os petréis se reuniram, um grande procelariídeo deixou seu ponto de observação no céu, a uns 800 metros dali. Ele desceu sobre as pequenas aves numa forte arremetida e com gritos estridentes, os quais trouxeram para aquela região muitas outras aves de sua espécie – a despeito de, um instante antes, tanto o céu quanto o mar parecerem quase vazios de aves. Os procelariídeos precipitaram-se fortemente sobre a água, batendo o peito contra ela e agitando as asas. Eles espalharam os petréis, que avidamente procuravam o alimento que os atraíra ao local. O primeiro procelariídeo, tendo já conseguido agarrar a lula, desafiava seus companheiros com guinchos agudos. Embora a lula fosse grande demais para ser engolida inteira, o procelariídeo lutava para empurrá-la goela baixo, pois não queria, com razão, soltar o alimento por um instante sequer.

Subitamente, um áspero chilreio chegou com o vento. Uma ave marrom-escura apareceu, varrendo a parte superior da nuvem de procelariídeos. A gaivota-rapineira rodopiou em direção à ave que tinha agarrado a lula, elevou-se no ar, volteou e arremeteu sobre o procelariídeo, que mergulhou agitando água e ar para cima, procurando afastar a gaivota e engolir a lula. De repente, um grande pedaço de lula escapou para o alto e foi pego pela gaivota, antes de cair novamente na água. Depois de engolir o prêmio, a ave pirata afastou-se do local, enquanto os procelariídeos vagavam por ali em furiosa frustração.

11. O veranico no mar

No fim da tarde, um espesso nevoeiro se formou sobre o mar, como um manto que alcançava a altitude de percurso de um procelariídeo. A cor das águas superficiais mudou de verde-dourado para um tom cinzento. Não havia nelas cor nem calor. Costumeiramente, a ausência de sol trouxe à superfície pequenos animais das camadas mais profundas do mar. Com as diminutas criaturas, vieram as lulas e os peixes, que delas se alimentam.

O nevoeiro prenunciava uma semana de tempo pesado, ao longo da qual as cavalas viveriam bem abaixo da superfície, afugentadas pelo mar áspero. Embora passassem a nadar em profundidades bem maiores do que habitualmente, elas ainda estariam nas camadas superiores do mar, pois estavam sobre uma bacia profunda que se formara na plataforma continental. Lá pelo fim da semana, elas se aproximaram da borda externa da bacia, onde uma cadeia de montanhas submarinas erguia-se entre as águas costeiras e o Atlântico profundo.

As tempestades outonais amainaram, o sol voltou a brilhar, e as cavalas subiram da obscura profundidade para alimentar-se novamente na superfície. Então, passaram sobre o cume de uma alta cadeia submarina, sobre a qual as águas se lançavam com forte ímpeto, embora sem arrebatação. A aspereza do mar incomodava as cavalas, e, por isso, elas desciam em busca de águas mais tranquilas.

Um grande número de cavalas em seu primeiro ano de vida seguiu ao longo de um escuro abismo, onde uma profunda garganta havia sido escavada muitas eras antes. Entre as duas paredes do vale submarino, o mar fluía em intenso verde. O sol aprofundava-se em águas claras, deixando sobre a íngreme parede ocidental do abismo uma sombra azul-escura. Aqui e ali resplandecia uma floresta de algas de cor verde brilhante, sobre uma saliência da rocha. Em meio à obscuridade que reinava abaixo, via-se uma chama de cores que emanava de uma ponta esculpida na pedra.

Um congro vivia numa das saliências da parede do despenhadeiro. A ponta proeminente comunicava-se com uma fissura nas rochas, no interior da qual o congro se escondia quando era ocasionalmente perseguido por um inimigo. Algumas vezes, ao percorrer o vale, um tubarão-azul dirigia-se até a saliência a fim de atacar o corpulento congro; outras vezes, uma toninha aparecia para explorar a parede rochosa, caçando em todas as protuberâncias e espreitando o interior das cavernas do paredão rochoso, em busca de presas. Mas nenhum desses inimigos tinha conseguido capturar o animal que ali habitava.

Os pequenos olhos do congro viram os corpos das cavalas cintilarem enquanto o cardume se aproximava da protuberância na rocha. O congro pressionou a parede com a cauda musculosa e recuou seu corpo espesso. Quando as cavalas passaram em frente à caverna, Scomber virou-se em direção à parede do despenhadeiro para investigar um pequeno aglomerado de anfípodes que rodeava um fragmento de comida, numa estreita proeminência. Instantaneamente, o congro soltou-se da rocha e avançou pela água com ágil desenrolar do corpo. Alarmado com a súbita aparição, o cardume de cavalas disparou em rápida aceleração. No entanto, Scomber estava muito entretido com os anfípodes e não notou a investida do adversário, que quase o apanhou.

Nadando para baixo ao longo do declive, corriam dois peixes – a cavala, uma criatura esguia e afilada, com iridescência que cintilava sob o sol; e o congro, com extensão igual à altura de um homem, pardo e espesso como um pedaço de mangueira de bombeiro. Ao deparar-se com o congro, que todos reconheciam como inimigo, pequenos animais correram para abrigar-se em canteiros de algas ou em pequenos orifícios nas rochas dispostas que acompanhavam toda a extensão do despenhadeiro. Scomber liderava a corrida, disparando paralelamente ao costão e passando entre pontas de pedra que se projetavam para fora. Finalmente, ele desceu para uma protuberância coberta por algas e espantou dois bodiões-do-norte que ali repousavam com as nadadeiras agitadas em um trecho iluminado pelo sol. Os dois dispararam, temerosos, em busca de abrigo entre as algas.

Scomber ficou imóvel; apenas a cobertura de suas brânquias movia-se rapidamente. Então, as correntes que ladeavam a parede rochosa trouxeram até ele o cheiro do congro; esse explorava a região, espreitando todas as fissuras que poderiam ocultar um pequeno peixe. Detectando o cheiro do inimigo, Scomber rodopiou outra vez para a água, subindo em direção à superfície. Ao ver o cintilante rastro de sua passagem, o congro virou-se e acelerou em perseguição, mas a cavala-macho já se distanciara cerca de 5 metros. O congro, que geralmente evitava o mar aberto, preferindo protuberâncias rochosas e cavernas submarinas escuras, hesitou e reduziu a velocidade. Nesse momento, seus olhos profundos notaram um grupo de peixes acinzentados avançando em sua direção. Ele desviou-se instintivamente para buscar abrigo em sua caverna, bem distante dali. O cardume de cações investiu contra ele. Invariavelmente vorazes e sempre prontos para provar sangue, os pequenos tubarões avançavam sobre o congro que, num piscar de olhos, teve seu compacto corpo talhado em diversos pontos.

Durante dois dias, bandos de cações fervilharam nessas águas, predando cavalas, arenques, pescadas-polacas, bacalhaus, hadoques e qualquer outro peixe que encontrassem. No segundo dia, o cardume ao qual pertencia Scomber viajou para muito longe, nas direções sul e oeste. Atormentadas além do suportável, as cavalas passaram sobre muitas montanhas submarinas e vales, deixando para trás as águas infestadas por tubarões.

11. O veranico no mar

Naquela noite, as cavalas moveram-se através de águas preenchidas com estrelinhas natantes e reluzentes. Eram pontos luminosos nos corpos de camarões que mediam pouco mais de 2 centímetros de comprimento; cada crustáceo tinha um par de órgãos luminosos sob os olhos e duas fileiras refulgentes ao longo das laterais dos abdomes e das caudas articuladas. Quando os camarões flexionavam as caudas ao nadar, podiam posicionar as luzes traseiras para além e abaixo deles, com o que eram capazes de enxergar pequenos copépodes e caramujos, além de animais e algas unicelulares das quais se alimentavam. A maior parte dos camarões agarrava com suas pernas dianteiras cerdosas o alimento animal compactado, apanhado por meio de uma corrente feita com os movimentos das caudas de seu predador. Seguindo as luzinhas navegantes, as cavalas facilmente encontraram e capturaram tantos camarões quantos eram capazes de devorar.

No momento em que as primeiras luzes do dia diluíram a negridão da água, as pequenas lanternas se foram. Nadando em direção ao sol nascente, as cavalas logo se encontraram em águas que fervilhavam com um enorme cardume de borboletas-do-mar. Com a luz das primeiras horas do dia incidindo quase horizontalmente na água, a multidão de borboletas-do-mar, semelhante a uma nuvem azulada, turvava a visão das cavalas. Mas, tendo o sol ocupado o céu já por uma hora, com raios que atingiam o mar obliquamente, a água ficou repleta de um deslumbrante resplendor, pois os corpos das borboletas-do-mar eram transparentes e modelados tão primorosamente quanto o mais fino cristal.

Naquela manhã, as cavalas atravessaram vários quilômetros de cardumes de borboletas-do-mar e, por diversas vezes, encontraram baleias passando com as bocas abertas entre multidões de moluscos. As cavalas não eram procuradas pelas baleias, mas fugiam de seus vultos enormes e escuros. As borboletas-do-mar, que estavam sendo capturadas aos milhões, nada sabiam sobre os monstros que as caçavam. Eternamente ocupadas com o desafio de achar alimento, elas pastejavam pacificamente no mar, inadvertidas sobre o terrível caçador, até que enormes mandíbulas as aprisionavam e a água corria em torrentes através das barbatanas das baleias.

Nadando em meio ao bando de borboletas-do-mar, Scomber viu o brilho de um grande peixe movendo-se nas águas abaixo e sentiu a forte pressão do deslocamento de água enquanto o visitante ascendia. Mas o peixe desapareceu de vista tão rapidamente quanto havia chegado. Uma vez mais, Scomber considerou que ali havia apenas cavalas e borboletas-do-mar transparentes como vidro. De repente, ele sentiu que uma grande perturbação afetara a água alguns metros abaixo. Percebeu que as cavalas localizadas na margem inferior do cardume corriam para cima. Uma dúzia de grandes atuns atacava o cardume de cavalas enquanto essas se alimentavam; os adversários investiram primeiro sobre os pequenos peixes, forçando-os a ir para a superfície.

Quando os atuns avançaram sobre os peixes menores, pânico e confusão tomaram conta do lugar. Não havia escapatória pela frente ou pela retaguarda, pela direita ou pela esquerda. Impossível escapar para baixo, pois lá estavam os atuns. Junto com seus companheiros, Scomber subiu mais e mais. A água se tornava mais pálida à medida que se aproximavam da superfície. Scomber podia sentir a surda vibração da água, causada por um enorme peixe que vinha logo atrás dele, avançando mais rapidamente do que uma cavala conseguia subir. Ele sentiu o atum de 230 quilos tocar em seu flanco enquanto apanhava uma cavala que nadava ao seu lado. Estava agora na superfície, e o atum ainda o perseguia. Scomber saltou para o ar, caiu de novo na água, voltou a saltar vezes e vezes seguidas. No ar, aves o atacavam com os bicos, pois os jorros de gotículas de água na superfície eram o sinal de que atuns faziam ali sua refeição, o que atraía rapidamente gaivotas ao local. Elas mesclavam seus grasnados e gritos com os sons de água espirrando e de corpos de peixes caindo no mar.

Os saltos de Scomber eram agora mais curtos e requeriam maior esforço. Ele caía com o peso da exaustão. Por duas vezes, quase foi apanhado pelas mandíbulas do atum e muitas vezes viu companheiros sendo agarrados pelo inimigo que os atacava.

Ignorada pelas cavalas e pelos atuns, uma nadadeira negra movia-se sobre a água pelo lado leste. Trinta metros ao sudeste da primeira nadadeira, duas outras lâminas, altas como um homem de grande estatura, deslizavam rapidamente pelo mar. Três orcas, ou baleias-assassinas, aproximavam-se, atraídas pelo cheiro de sangue.

Então, em pouco tempo, Scomber viu a água encher-se das mais terríveis criaturas e ser o palco da mais confusa agitação, quando vinte e uma baleias atacaram o maior dos atuns, avançando sobre ele como um bando de lobos. Scomber fugiu do local onde o grande peixe submergia e rolava em vã tentativa de escapar dos inimigos. De repente, a cavala-macho estava em águas nas quais não havia mais atuns perseguidores nem predadores de sua espécie. Todos os grandes peixes, exceto o que foi atacado, tinham se evadido da vista das orcas. Ao nadar para a água mais profunda, Scomber viu que o mar se tornava mais calmo, silencioso e novamente verde. Uma vez mais, ele estava entre cavalas que se alimentavam e viu ao redor os corpos cristalinos de borboletas-do-mar natantes.

12. Rede de bolsa

NAQUELA NOITE, O MAR queimou com uma fosforescência incomum. Muitos peixes estavam perto da superfície, alimentando-se, com movimentos estimulados pelo frio de novembro. Enquanto os cardumes moviam-se na água, perturbavam os milhões de animais luminosos do plâncton, fazendo-os brilhar com impetuoso esplendor. Assim, em diversos locais, a escuridão da noite sem lua foi quebrada pelas manchas cintilantes e luminosas que iam e vinham, chamejando até o pleno esplendor para, então, desvanecer.

Deambulando com meia centena de outros peixes em seu primeiro ano de vida, Scomber viu à frente, na escuridão pontilhada de luzes prateadas, um clarão difuso provocado por um enorme cardume de grandes cavalas que se alimentavam de camarões, os quais, por seu turno, perseguiam copépodes. Milhares de cavalas vagavam lentamente com a maré. A área toda estava coberta pelos peixes, que brilhavam envoltos por uma névoa. A cada movimento, eles colidiam com as miríades de animais produtores de luz que fervilhavam na água.

Os peixes com menos de um ano de vida chegaram perto dos maiores e logo se imiscuíram entre eles. Era um grande cardume, maior do que todos os que Scomber vira antes. Em todo o seu redor havia peixes – camadas sobre camadas nas águas acima, camadas sobre camadas abaixo, peixes à direita e à esquerda, peixes na frente e atrás dele.

De modo geral, os peixes com 20 a 25 centímetros de comprimento nascidos naquele ano se organizariam em grupos distintos. A separação entre peixes menores e maiores se dá pela velocidade de nado mais lenta dos mais jovens. Mas, agora que até as maiores cavalas – peixes pesados, com seis ou oito anos de idade – moviam-se não tão rapidamente quanto a grande nuvem de plâncton que se expandia e da qual se alimentavam, os peixes menores conseguiam facilmente acompanhar o ritmo dos maiores, de modo que grandes e pequenos mantinham-se agrupados.

Os movimentos de muitos peixes na água, a vista de grandes cavalas em disparada, rodando, rodopiando na escuridão, com seus corpos cintilando à luz que sobre elas incidia, deixavam as novatas em estado de tensão e excitamento. Mas as cavalas estavam tão absorvidas em se alimentar que nenhuma delas, grandes ou pequenas, prontamente deu-se conta da passagem de um rastro luminoso através do mar, logo acima, como se um peixe gigante despertasse na superfície.

As aves que repousavam no mar perceberam que o silêncio da noite foi quebrado por uma vibração surda; algumas delas, dormindo mais profundamente que as demais, ergueram-se na água no tempo exato de escapar de um navio pesqueiro. Mas nem o grito desesperado de um fulmar nem as fortes batidas de asas de um procelariídeo conseguiriam enviar uma mensagem de alerta para os peixes abaixo.

"Cavalas!" – anunciou o vigia no alto do mastro.

O ruído do motor diminuiu até o nível pouco audível do pulsar de um coração. Uma dúzia de homens inclinou-se sobre a amurada do navio pescador de cavalas, mirando a escuridão. O barco não trazia luz, pois a claridade poderia assustar os peixes. Em toda parte havia escuridão, um veludo espesso e negro no qual o céu era indistinguível da água.

Mas, espere aí! Será que havia mesmo um ligeiro lampejo, como a chama de um pálido fantasma pairando sobre a água, lá adiante, no arco do porto? Bem, se o tal lampejo existira de fato, sua luminosidade já se extinguira, e o mar tornara a jazer em obscuro anonimato, num vazio que sugeria a inexistência de vida. Porém, lá estava ele novamente; como uma chama que surge em meio à brisa, ou como um palito de fósforo protegido pela palma da mão. Crescendo em brilhante cintilação, a luz expandia-se pela escuridão circundante, movendo-se como uma nuvem reluzente pela água.

"Cavalas" – ecoou o capitão, depois de observar a luz por alguns minutos. – "Ouçam!"

De início, não havia som nenhum, exceto o bater da água contra o barco. Uma ave marinha, voando na escuridão, chocou-se contra o mastro, caiu sobre o convés com um grito assustado e partiu.

12. Rede de bolsa

Silêncio novamente.

Então, percebeu-se um ligeiro – mas inconfundível – tamborilar, como a precipitação de chuva no mar: era o som de cavalas, o som de um grande cardume de cavalas alimentando-se na superfície.

O capitão deu ordens para iniciar os preparativos da pesca. Ele mesmo subiu ao mastro principal para dirigir a operação. A tripulação ocupou suas posições: dez homens se postaram num barco com a rede, preso a um pau de carga a estibordo do navio; e os outros dois ficaram numa pequena embarcação rebocada pelo barco da rede. O ruído do motor cresceu. O navio começou a mover-se, perfazendo um amplo círculo, balançando ao redor da região iluminada do mar. Era uma manobra para aquietar os peixes, de modo a concentrá-los num círculo menor. Por três vezes os pescadores passaram em círculo em torno do cardume. O segundo círculo foi menor que o primeiro, e o terceiro, menor que o segundo. O brilho na água era maior agora, e a região iluminada tornara-se mais concentrada.

Depois da terceira passagem em torno do cardume, o pescador que estava na popa do barco da rede passou ao colega instalado na embarcação menor uma das extremidades da rede de 360 metros que estava empilhada no fundo do primeiro barco. A rede estava seca, pois não havia sido usada naquela noite. O barco menor desprendeu-se do maior à sua frente e os remadores começaram seu trabalho. O navio começou a mover-se novamente, rebocando o barco da rede. Enquanto se ampliava o espaço entre a embarcação menor e o barco da rede, na lateral desse, a rede deslizava sem parar. Uma linha que se mantinha flutuando por boias de cortiça esticava-se na água, entre os dois barcos. Dessa linha pendia uma cortina de malha com 30 metros de profundidade, mantida na vertical por pesos de chumbo presos em sua margem inferior. A disposição da linha ligada às cortiças mudou de um arco para um semicírculo; então, foi se tornando um círculo fechado, envolvendo as cavalas numa área com 120 metros de diâmetro.

As cavalas estavam nervosas e inquietas. As que ficavam na periferia do cardume percebiam um movimento pesado, como o de uma grande criatura marinha se aproximando, e sentiram o forte deslocamento de água. Algumas viram acima um vulto prateado, longo e oval. Ao seu lado, moviam-se dois outros vultos menores, um diante do outro. Os vultos podiam ser de uma baleia-fêmea com dois filhotes seguindo ao seu lado. Temendo os estranhos monstros, as cavalas situadas na margem do cardume desviaram-se para o centro. Assim, em toda a volta do enorme grupo de peixes que se alimentavam, cavalas rodopiavam e mergulhavam, buscando um local onde não conseguissem enxergar as grandes e luminosas formas e onde a percepção da passagem de corpos monstruosos se perdesse nas vibrações mais suaves de milhares de cavalas nadando.

Quando novamente os monstros marinhos começaram a circundar sua presa, apenas um dos vultos menores seguia o maior deles. O outro se afastou, batendo na água como se possuísse longas barbatanas ou nadadeiras. Então, enquanto o barco da rede deixava na água um rastro menor de brilho ao lado do navio, a rede se espalhava. Ao deslizar, a malha provocava um confuso cintilar de faíscas. A rede pendia como uma cortina fina e oscilante que brilhava palidamente, pois os animais do plâncton já começavam a se aderir a ela. Os peixes receavam a parede constituída pela malha. Enquanto o amplo arco formado pela rede balançava e ia pouco a pouco se fechando num grande círculo, as cavalas passaram a se agrupar mais compactamente, cada uma procurando afastar-se da malha.

Em algum lugar no centro do cardume, Scomber sentia-se confuso por causa da crescente pressão dos peixes ao seu redor e do ofuscante brilho de seus corpos, imersos na luz do mar. Para ele, a rede não existia, pois não tinha visto suas malhas revestidas com plâncton, nem tocado nela com a boca ou o flanco. A água encheu-se de uma inquietação que passava com rapidez eletrizante de peixe para peixe. Em todo o círculo, eles começaram a chocar-se de encontro à rede e a correr de volta através do cardume, espalhando pânico.

Um dos pescadores no barco da rede tinha apenas dois anos de experiência no mar. Era tempo insuficiente para esquecer (se é que algum dia ele esqueceria) o deslumbramento, a insaciável curiosidade que trouxera para seu trabalho – uma curiosidade acerca do que existia sob a superfície. Algumas vezes ele se punha a pensar sobre os peixes, enquanto olhava para eles no convés ou quando mergulhava suspenso por uma corda. O que teriam visto os olhos das cavalas? Coisas que ele nunca veria, locais para onde jamais iria. Ele nunca colocou aquilo em palavras, mas lhe parecia fora de propósito que uma criatura que tivesse construído a vida no mar, que tivesse conseguido sobreviver aos ataques de todos os seus tenazes inimigos e que, sem dúvida, percorria uma obscuridade jamais penetrada por olhos humanos, devesse no final encontrar a morte num convés de navio pesqueiro, gosmento e escorregadio. Mas, no fim das contas, ele era um pescador e raramente tinha tempo para refletir sobre essas questões.

Nessa noite, ao lançar a rede à água e contemplar a luz cintilante enquanto ela submergia, ele pensava nos milhares de peixes que fervilhavam lá embaixo. Não podia vê-los. Até os que estavam nas águas mais perto da superfície pareciam apenas rastros de luz cintilando na escuridão – fogos de artifício perdidos num céu negro, que não ficava lá em cima, mas logo ali abaixo. Os olhos de sua mente

12. Rede de bolsa

viam as cavalas correndo em direção à rede, colidindo contra ela e voltando-se em direção oposta. Deviam ser grandes cavalas, ele pensava, pois os rastros ígneos na água davam boa ideia de seu tamanho. Pelo modo como a luz fosforescente se concentrava na água, parecendo um grande volume de metal fundido, ele sabia que os encontrões com a rede e os recuos em pânico deveriam estar acontecendo em todos os lugares do círculo delimitado pela armadilha, que agora se fechava. O barco da rede havia ultrapassado o barco menor, de modo que as duas extremidades da malha tinham se encontrado.

Ele ajudou a erguer o grande peso de chumbo de 130 quilos e a ajustá-lo sobre a corda da rede para começar a descê-la, a fim de fechar o círculo na parte inferior da malha. Os homens começavam a puxar as cordas para ir fechando a rede. O pescador ficou imaginando a situação das cavalas lá embaixo, aprisionadas porque não eram capazes de enxergar o caminho de escape por baixo da rede. Pensou no peso de chumbo descendo, descendo, cada vez mais fundo; depois, imaginou a junção dos grandes anéis de bronze pendentes da parte inferior da rede, enquanto a corda que passava por eles era puxada pelos pescadores e o círculo da malha lá embaixo reduzia-se cada vez mais. Mas ainda haveria uma abertura inferior permitindo o escape.

Os peixes estavam nervosos, ele não tinha dúvida quanto a isso. Rastros apareciam na água superficial como centenas de cometas velozes. O brilho do conjunto de peixes ia alternando de embaçado para um flamejante crescente. Isso fazia o pescador lembrar-se de luzes de fornos de aço refletidas no céu. Parecia que ele estava enxergando bem lá no fundo, onde o lastro empurrava as argolas à frente, enquanto a corda era puxada. Os peixes se agitavam confusamente na água, isto é, aqueles que ainda tinham alguma possibilidade de fuga. O pescador imaginava que as grandes cavalas estavam ficando enfurecidas. Tratava-se de um cardume grande demais para ser apanhado por inteiro, mas os capitães de navios de pesca odeiam ter de dividir um cardume. Fazer isso é quase garantia de perdê-lo, pois os peixes disparam para o fundo. Sem dúvida, os peixes maiores submergiriam, passando pelo círculo inferior que se fechava, nadando em direção ao fundo do mar e conduzindo o cardume com eles.

O pescador deixou de mirar a água e sentiu com as mãos a pilha de corda úmida no fundo do barco da rede, procurando avaliar – pois era impossível enxergar – a quantidade de corda empilhada e tentando calcular quanto ainda deveria ser puxado antes de se completar a redução do círculo inferior.

Foi quando ouviu o grito de um homem ali perto. O pescador voltou-se novamente para a água. A luz de dentro do círculo da rede estava esmaecendo, bruxuleando, reduzindo-se ao brilho de um final de crepúsculo até a escuridão. Os peixes tinham ido para o fundo.

Ele inclinou-se sobre a amurada, mirando a água escura e notando que o brilho esvanecia. Imaginava o que não podia enxergar de fato: a corrida desesperada e o rodopio de milhares de cavalas para o fundo do mar. De repente, sentiu o desejo de estar lá, a 30 metros de profundidade, na linha de lastro da rede. Que estupenda visão seria admirar todos aqueles peixes descrevendo rastros em altíssima velocidade, num esplendor de lampejos meteóricos! Só mais tarde, quando os pescadores concluíram a penosa, úmida e longa tarefa de recolher ao barco a rede de 360 metros, após o desperdício de uma hora dura de trabalho, é que ele se deu conta do que havia significado a fuga das cavalas.

Após a louca e desenfreada corrida para o fundo da rede, as cavalas espalharam-se amplamente no mar. Somente depois, quando a noite havia quase terminado, foi que os peixes que conheceram o terror da rede se fechando voltaram a se alimentar em cardumes.

Antes do amanhecer, a maioria das equipes de pesca que trabalharam nessas águas durante a noite partiu rumo ao oeste. Uma delas permaneceu. Não tivera sorte durante toda a noite, pois, das seis vezes em que a tripulação armou a rede, em cinco os peixes tinham escapado pelo fundo. O solitário navio era a única coisa que se movia no mar naquela manhã, quando o leste transmutava para cinza e a negra água retomava o brilho prateado. A tripulação esperava empreender outra tentativa, torcendo para que as cavalas que se tinham evadido para as águas profundas na pescaria da noite reaparecessem na superfície ao alvorecer.

Momento a momento, a luz crescia, chegando pelo leste. Ela incidia no alto mastro sobre a casaria do convés; espalhava-se sobre as amuradas do barco e perdia-se na pilha de rede, escurecida pela água do mar. A luminosidade brilhava nas cristas das ondas baixas, mas deixava seus vales escuros.

Da obscuridade da alvorada chegaram duas gaivotas-tridácitlas que pousaram no mastro, à espera dos pescados que seriam rejeitados pelos pescadores.

Quatrocentos metros ao sudoeste, uma zona escura e irregular apareceu na água — era um cardume de cavalas que se deslocava lentamente para o leste.

Rapidamente, o curso do navio foi alterado para que ficasse em frente ao cardume. Com rápidas manobras dos barcos, a rede foi lançada em torno do bando de peixes. Trabalhando com furiosa ligeireza, a tripulação desceu a corda com o lastro, puxou-a e começou a fechar o círculo inferior da rede. Pouco a pouco, os homens foram reduzindo o espaço ocupado pela rede, concentrando o cardume

12. Rede de bolsa

na parte central, onde a malha era mais forte. Agora, o navio se orientava para ficar próximo ao barco da rede e recolher o excesso de malha.

Na água que ladeava o barco estava a bolsa em que se transformara o círculo da rede, a qual boiava pela ação dos flutuadores presos na corda superior, distribuídos em grupos de três ou quatro. No interior do círculo, havia toneladas de cavalas. A maioria dos peixes era grande, mas entre eles havia cem ou mais cavalas com menos de um ano de idade; elas tinham passado o verão no porto da Nova Inglaterra e apenas recentemente haviam chegado ao mar aberto. Uma delas era Scomber.

Uma rede de malhas parecida com uma grande concha, provida de um longo cabo de madeira, foi posicionada no meio do círculo, mergulhada em meio à agitada multidão de peixes e, depois, erguida por polias e esvaziada no convés. Muitas cavalas robustas e ágeis debatiam-se no chão do convés, liberando no ar um arco-íris enevoado de finas escamas.

Havia algo de errado com os peixes que estavam na rede. Era incomum o modo como lançavam-se para cima, quase que saltando para dentro da rede em concha. Peixes apanhados por uma rede de arrasto geralmente tentavam ir para o fundo, mergulhando, na tentativa de escapar. Mas alguma coisa na água aterrorizava aquelas cavalas – alguma coisa que elas temiam mais do que o grande barco-monstro.

Houve uma grande perturbação na água que circundava a rede de arrasto. Uma barbatana triangular e um grande lóbulo caudal cortaram a superfície da água. De repente, havia dúzias de barbatanas ao redor de toda a rede. Um peixe com 1,2 metro de comprimento, delgado, cinzento e com uma boca que se estendia bem para trás, abaixo da ponta anterior do corpo, arremeteu contra a linha das boias e avançou para o meio das cavalas, mordendo-as e retalhando-as.

Agora todos os tubarões do bando cortavam a rede numa fúria voraz, famintos para apanhar as cavalas lá dentro. Seus dentes afiados como navalhas destruíam os fortes fios da malha como se fossem gaze, abrindo grandes buracos na rede. Houve um momento de indescritível confusão, durante o qual o espaço delimitado pela linha das boias se tornou um turbilhão de vida em efervescência, um redemoinho de peixes saltantes e dentes trituradores, entre refulgências verdes e acinzentadas.

Porém, quase tão repentinamente quanto começou, o turbilhão desvaneceu. Abandonando rapidamente o ambiente confuso e alvoroçado, as cavalas saíram pelos buracos na rede, dispararam como flechas escuras e se perderam no mar.

Entre as cavalas que escaparam tanto da rede de arrasto quanto do ataque dos tubarões estava o jovem Scomber. Na noite do mesmo dia, seguindo os peixes mais velhos e dirigido por seus instintos, ele migrou por muitos quilômetros em direção ao mar aberto, longe das águas frequentadas por pescadores. Scomber viajava bem abaixo da superfície, esquecendo-se das águas pálidas do verão e nadando através do mar que se tornava verde-escuro, por vias marítimas que lhe eram novas e estranhas. Ia sempre em direção ao sul e ao oeste, para um ambiente que nunca conhecera – as águas profundas e calmas que beiram a plataforma continental ao largo dos cabos da Virgínia.

Ali, no tempo devido, o mar de inverno o recepcionaria.

LIVRO 3
RIO E MAR

13. Jornada para o mar

EXISTE UMA LAGOA QUE se situa sob uma montanha na qual as raízes trançadas de muitas árvores – sorveiras, nogueiras, carvalhos e cicutas – seguram as chuvas numa profunda esponja de húmu. A lagoa é alimentada por dois cursos d'água que trazem sedimentos de terrenos mais altos ao oeste, descendo e passando sobre leitos rochosos entalhados na montanha. Taboas, espargânios, eleocarpáceas e aguapés enraízam-se na suave lama que ocupa suas margens. Sob a montanha, elas invadem as águas. Salgueiros crescem nos solos úmidos ao longo da borda oriental da lagoa, onde as cheias avançam sobre um vertedouro margeado por capim, que funciona como uma passagem para o mar.

A plácida superfície da lagoa é frequentemente encrespada por ondulações que aparecem quando ciprinodontes, pequenas carpas ou vairões avançam pelo limite entre a água e o mar. Nesses momentos, a superfície da lagoa também é perturbada por pernas céleres de pequenos insetos aquáticos que vivem entre os juncos. O açude é chamado Bittern Pond,[1] porque não há primavera em que os tímidos alcaravões não cheguem para fazer ninhos ali. Nessa estação, os estranhos e pulsantes gritos das aves que se equilibram nas taboas, ocultas nos mosaicos de luz e sombras, são interpretados por algumas pessoas como as vozes de espíritos invisíveis da lagoa.

---

[1] Literalmente, "Lagoa dos Alcaravões". O alcaravão (*Ardea stellaris*) é uma ave da famíla das garças que vive em charcos. (NE)

13. Jornada para o mar

A distância de Bittern Pond até o mar é de 320 quilômetros. Cinquenta quilômetros do trajeto são constituídos por estreitos canais em declive; outros 100 são ocupados por um rio vagaroso que percorre uma planície costeira; o restante é composto por uma baía rasa de água salobra. Milhões de anos atrás, o mar invadiu e inundou o estuário de um rio através dessa baía.

Em toda primavera, certo número de pequenas criaturas marinhas sobe pelo vertedouro coberto de gramíneas e entram em Bittern Pond, cobrindo os 320 quilômetros de jornada que se inicia no mar. Elas têm formas curiosas, parecidas com delgados bastões de vidro, mais curtos que um dedo humano. São filhotes de enguias, recém-nascidas no mar. Alguns deles sobem pela encosta da montanha, mas outros permanecem na lagoa, onde, até chegar à fase adulta, alimentam-se de pitus de água doce e besouros-de-água, além de apanhar rãs e pequenos peixes.

Era outono, fim de ano. No período da lua crescente havia chovido, e todos os cursos d'água inundaram a área. A água dos dois córregos que alimentavam a lagoa era volumosa e batia nas pedras dos leitos, enquanto corria para o mar. A lagoa estava bem agitada com o influxo de água que passava por suas florestas de gramíneas, formava redemoinhos sobre os orifícios em que se abrigavam os pitus e subia até 15 centímetros pelos troncos dos salgueiros, nas margens.

O vento soprou quando veio o crepúsculo. De início, era uma brisa suave, produzindo na superfície da lagoa uma textura aveludada. À meia-noite, ele tinha crescido em intensidade até se tornar uma ventania que agitava os juncos com fúria, balançava as infrutescências mortas das gramíneas e produzia profundos sulcos na superfície da lagoa. O vento vinha com rajadas descendo as colinas, avançando sobre as florestas de carvalhos, bétulas, nogueiras e pinheiros. Soprava na direção leste, para o mar, 320 quilômetros além dali.

Anguilla, uma enguia, explorava a água que extravasava da lagoa em veloz correnteza. Com seus apurados sentidos, ela provava os estranhos sabores e aromas da água. Eram gostos amargos e cheiros acres de folhas de outono decompondo-se nas águas da chuva, além de musgos e liquens das florestas e húmus que fica entre raízes. Assim era a água que corria rapidamente, passando pela enguia, em direção ao mar.

Anguilla tinha chegado a Bittern Pond ainda filhote, com o comprimento de um dedo, dez anos antes. Ela passara verões, outonos, invernos e primaveras naquela lagoa, ocultando-se entre as touceiras de gramíneas durante o dia e perambulando pelas águas à noite, pois, como todas as enguias, apreciava a escuridão. Conhecia todos os orifícios nos quais os pitus se abrigavam, verdadeiros buracos que se espalhavam como favos no leito de lama sob a montanha. Sabia muito bem qual caminho deveria tomar entre os caules balouçantes dos nenúfares, que pareciam de borracha, e sobre cujas espessas folhas ficavam as rãs; sabia também onde encontrar as pequenas pererecas *Pseudacris*, que produziam um som estridente e se prendiam sobre as folhas das gramíneas, nos lugares em que, durante a primavera, a lagoa deixava transbordar suas águas sobre a planície setentrional costeira. Anguilla podia encontrar os bancos onde os ratos-d'água corriam e guinchavam alegremente, ou lutavam, furiosos, caindo ruidosamente sobre a água – tornando-se, então, presas fáceis para uma enguia que estivesse à espreita. Ela conhecia os macios e profundos leitos lamacentos sob a lagoa, onde podia escavar e se esconder no inverno, abrigando-se do frio, pois, como todas as enguias, amava o calor.

Agora era outono novamente. A temperatura da água da lagoa caía com a vinda das chuvas frias que se derramavam sobre os cumes das montanhas. Uma estranha impaciência se intensificava em Anguilla. Pela primeira vez em sua vida adulta, ela esqueceu a avidez por alimento. Em seu lugar, vinha um estranho e novo anseio, disforme e mal definido. Seu desejo, mal percebido, era estar em um local quente e escuro – mais escuro do que a mais negra noite em Bittern Pond. Outrora, durante os primórdios de sua vida, antes que sua percepção de memória se tivesse desenvolvido, ela conhecera um local como esse. Não podia saber que o caminho para tal lugar ficava além da saída da lagoa que ela subira dez anos antes. Mas, muitas vezes naquela noite, enquanto o vento e a chuva castigavam a superfície da lagoa, Anguilla foi irresistivelmente atraída para a passagem pela qual a água corria para o mar. Enquanto os galos cantavam na fazenda sobre a colina, saudando a terceira hora do novo dia, Anguilla deslizou para o interior do canal em direção ao córrego abaixo e acompanhou o fluxo da água.

Mesmo na enchente a profundidade do regato era pequena. Sua voz era o murmúrio de um jovem córrego, cheio de gorgolejos e sons de água batendo contra pedras e de seixos rolando uns sobre os outros. Anguilla seguia com a água, guiando-se pelas mudanças de pressão na ágil corrente. Ela era uma criatura da noite e da escuridão, de modo que a negridão do curso d'água não lhe confundia nem amedrontava.

Num trajeto de 8 quilômetros, o regato descia 30 metros sobre um leito acidentado e cheio de pedras. Ao final do oitavo quilômetro, ele fluía entre duas colinas, seguindo ao longo de um vale profundo, escavado em anos anteriores por uma corrente mais intensa. As colinas eram recobertas por carvalhos e nogueiras, sobre cujos ramos, entrelaçados, passava o córrego.

13. Jornada para o mar

Ao romper o dia, Anguilla chegou a uma corredeira rasa e cintilante, onde o córrego gorgolejava forte sobre cascalhos e pedregulhos. A água movia-se em repentina aceleração, correndo rapidamente em direção à borda de uma cascata de 3 metros de altura, onde o regato fluía sobre a face de uma rocha desnuda e se despejava numa piscina natural logo abaixo. A corrente levava Anguilla consigo, nas brancas águas que despencavam na piscina profunda, tranquila e fria, escavada por águas que ali precipitaram durante séculos. Musgos escuros cresciam em suas bordas, e algas carófitas aderiam-se a seu limo, absorvendo o calcário que retiravam das rochas e incorporavam a suas frágeis hastes cilíndricas. Anguilla escondia-se entre as carófitas, procurando abrigo contra a luz do sol, pois ali as águas rasas e brilhantes a repeliam.

Antes que decorresse uma hora desde a chegada de Anguilla à lagoa, outra enguia apareceu, caindo com as águas da cachoeira, e procurou a escuridão entre os leitos de folha ao fundo. Essa segunda enguia, que viera de elevadas altitudes nas montanhas, tinha o corpo lacerado em muitos lugares; os ferimentos haviam sido causados pelas pedras dos rasos regatos que percorrera. A recém-chegada era maior e mais forte do que Anguilla, pois tinha passado dois anos a mais em água doce antes de atingir a maturidade.

Anguilla, que por mais de um ano tinha sido a maior enguia de Bittern Pond, afundou entre as carófitas ao perceber a chegada da estranha companheira. Ao fazer isso, seu movimento agitou as hastes viscosas das algas e perturbou três barqueiros que se prendiam às algas por meio de pernas articuladas e providas de várias fileiras cerdosas. Os insetos alimentavam-se de desmídios e diatomáceas que formavam um filme sobre as hastes das carófitas. Eles estavam revestidos com um resplandecente lençol de ar que tinham trazido consigo ao mergulhar, vindos da superfície da piscina. Com a passagem da enguia, eles se desprenderam de seu tranquilo ponto de fixação e subiram como bolhas de ar, pois eram mais leves que a água.

Um inseto cujo corpo parecia-se com um graveto de árvore, apoiado por seis pernas articuladas, andava sobre as folhas flutuantes e deslizava sobre a superfície da água, na qual se movia como se estivesse pisando em seda. Tão leve era o inseto que as extremidades de suas pernas formavam covinhas na água, sem, no entanto, romper a camada superficial do líquido. Em inglês, o nome do inseto significa "andarilho do pântano", pois sua espécie costuma viver entre os esfagnos dos charcos. O andarilho estava se alimentando, buscando larvas de mosquitos ou pequenos crustáceos que eventualmente subissem do fundo da piscina para a superfície. Assim que um dos barqueiros de repente irrompeu bem perto do andarilho, o inseto parecido com graveto flechou-o com projeções da boca semelhantes a estiletes e sugou todo o líquido de seu corpo.

Ao perceber a estranha enguia avançando para o interior da espessa camada de folhas mortas no fundo da piscina natural, Anguilla dirigiu-se a uma região escura atrás da cachoeira. Sobre ela, a íngreme parede de rocha se revestia de verde com os talos macios dos musgos que margeavam a corrente de água, sempre molhados com a fina névoa úmida que subia da cachoeira. Na primavera, mosquitos-pólvora chegavam para pôr ovos, formando com eles finas meadas brancas sobre as rochas. Mais tarde, quando os ovos eclodiram e nuvens de insetinhos com asas diáfanas começaram a emergir da cachoeira, os mosquitos foram alvo do ataque de pequenos pássaros de olhos claros que pousaram nos ramos das árvores próximas; esses pássaros disparavam com os bicos abertos para o meio do enxame de mosquitinhos. Agora, os mosquitos-pólvora já haviam partido, mas outros pequenos animais viviam nas touceiras verdes e encharcadas dos musgos: larvas de besouros, moscas-soldado e mosquitos tipulídeos. Eram criaturas com corpos lisos, roliços, sem ganchos ou ventosas para adesão, características que as tornavam diferentes dos insetos habitantes das rápidas correntes d'água que chegavam à beira da cachoeira acima, ou a alguns metros além da piscina natural, onde essa jogava suas águas no leito do rio. Embora vivessem a apenas alguns centímetros do véu de água que despencava na piscina, eles nada sabiam das águas lépidas e seus perigos; viviam num pacífico mundo de águas que passavam lentamente pelas florestas de musgos.

A grande queda de folhas tinha começado com as chuvas da última quinzena. Durante todo o dia, da copa da floresta até sua base, havia um contínuo despejar de folhas. Elas caíam tão silenciosamente que o ruído de seu pouso no solo era suave como o delicado roçar dos pés de camundongos e toupeiras passando pelo tapete de folhas no chão da floresta.

Ao longo de todo o dia, voos de gaviões de asas largas acompanhavam os topos das montanhas, em direção ao sul. Eles moviam-se com as asas abertas, quase sem batê-las: aproveitavam a elevação do ar, que vinha com o sopro dos ventos, encontrava as encostas das montanhas e subia. Os gaviões eram migrantes do outono, vindos do Canadá, e seguiam ao longo dos Apalaches, servindo-se das correntes de ar que tornavam seu voo mais fácil.

Ao anoitecer, quando as corujas começaram a piar nos bosques, Anguilla deixou a piscina e partiu sozinha para o rio. Logo o curso d'água passou por uma região de fazendas. Duas vezes durante a noite, o regato chegou a pequenas represas alvejadas pela luz da lua. No trecho abaixo da segunda represa, Anguilla ficou

13. Jornada para o mar

por algum tempo numa elevação do leito, onde as rápidas correntes arrancavam uma pesada turfa de gramíneas. O forte silvo da água caindo da represa tinha assustado a enguia. Enquanto Anguilla repousava sob as águas rasas, a companheira que esteve com ela na piscina da cachoeira chegou, vinda da represa, e passou com a corrente. Anguilla seguiu-a, deixando-se levar pela correnteza. Durante o trajeto, a jovem enguia balançava-se sobre as corredeiras rasas e deslizava rapidamente quando passava por trechos mais profundos. Por várias vezes ela percebeu vultos escuros próximos, movendo-se na água. Eram outras enguias, vindas de muitos regatos afluentes do rio principal. Como Anguilla, os outros peixes longos e delgados deixavam-se levar pelas águas rápidas e permitiam que as correntes acelerassem sua viagem. Todos os migrantes eram formas embrionárias, pois apenas as fêmeas prenhes migravam contra a corrente por regatos de água doce, para zonas distantes de qualquer coisa que lembrasse o mar.

As enguias eram praticamente as únicas criaturas que se moviam no rio naquela noite. Num bosque de bétulas, o rio fazia uma curva acentuada e passava sobre um leito mais profundo. Enquanto Anguilla nadava nesse local, várias rãs mergulharam, saltando da lama macia onde estavam pousadas quase fora d'água, e esconderam-se próximo ao tronco de uma árvore caída. As rãs se assustaram com a aproximação de um animal peludo que havia deixado na lama pegadas parecidas com pés humanos. O viso escuro do bicho e sua cauda ornada com anéis negros se destacavam na fraca luminosidade do luar. O guaxinim vivia num buraco no alto de uma bétula perto dali e costumava caçar rãs e pitus no rio. Ele não se perturbou com a série de saltos que saudaram sua chegada, pois sabia onde as ingênuas rãs se escondiam. Dirigiu-se até a árvore tombada e se deitou sobre o tronco. Então, segurou firmemente a casca com as garras das patas traseiras e da pata dianteira esquerda. Depois, mergulhou fundo na água a pata direita; com seus sensíveis dedos, explorou, até onde podia, as folhas e a lama sob o tronco. As rãs tentaram ir mais fundo na camada de folhas, gravetos e outros resíduos caídos da árvore. Os dedos perseverantes vasculharam cada fenda e orifício, empurraram as folhas e esquadrinharam a lama. Logo o guaxinim percebeu um corpo firme e pequeno, e o prendeu entre os dedos; ao fazê-lo, sentiu os súbitos movimentos da rã que tentava escapar. O guaxinim apertou ainda mais os dedos e rapidamente trouxe a rã para cima do tronco. Ali, ele a matou, lavou-a cuidadosamente, mergulhando-a na água, e comeu-a. Quando estava terminando a refeição, três pequenas silhuetas passaram por uma parte do bosque iluminada pela lua, na margem do rio. Eram a parceira do guaxinim e seus dois filhotes, que tinham descido da árvore com o objetivo de fazer a refeição daquela noite.

Por força do hábito, a enguia enfiava a cara na camada de folhas sob o tronco para xeretar o que havia ali, trazendo ainda mais terror às rãs; mas não as molestou, como faria na piscina, pois a fome fora esquecida sob o instinto mais forte que a tornou parte do fluxo do rio. Quando Anguilla deslizou para o centro da correnteza que passava pela extremidade do tronco, os dois jovens guaxinins e sua mãe seguiram até aquela tora. Agora, quatro vultos negros observavam a água, preparando-se para a caça às rãs.

Pela manhã, o riacho ficou mais largo e profundo. Ele seguia silencioso, refletindo um bosque aberto de plátanos, carvalhos e cornisos. Passando entre as árvores, as águas carregavam grande quantidade de folhas de cores vivas. As folhas de carvalho eram de um vermelho intenso; as de plátano tinham manchas verdes e amarelas; e as de corniso mostravam-se coriáceas, em tom vermelho-fosco. Sob o forte vento, os cornisos tinham perdido as folhas, mas retiveram os frutos escarlates. No dia anterior, tordos-americanos reuniram-se em bandos nos cornisos para comer-lhes os frutos; agora, as aves já tinham partido para o sul. Em seu lugar, estorninhos alvoroçados iam de uma árvore para outra, chilreando e assobiando uns para os outros, enquanto removiam os frutos dos ramos. Os estorninhos estavam com uma nova plumagem brilhante, e todas as extremidades de suas penas peitorais assemelhavam-se a setas brancas.

Anguilla chegou a uma poça rasa formada dez anos antes, quando um carvalho, arrancado pela raiz numa tempestade de outono, caíra sobre o riacho. A represa e a poça formadas pelo carvalho eram vistas ali desde quando Anguilla, ainda filhote, subira a correnteza, na primavera do ano em que o carvalho caiu. Agora, uma grande quantidade de gramíneas, lodo, gravetos, ramos mortos e outros resíduos se acumulava em torno do enorme tronco, fechando qualquer abertura pela qual a correnteza pudesse passar, de modo que a água se represava, formando uma poça com 60 centímetros de profundidade. Durante os períodos de lua cheia, as enguias ficavam na poça formada pelo carvalho; elas receavam viajar na água iluminada pela lua, quase tanto quanto temiam a luz do sol.

Muitas larvas parecidas com vermes se abrigavam na lama da poça d'água. Eram formas jovens de lampreias. Não eram enguias verdadeiras, mas seres parecidos com peixes, cujo esqueleto era constituído de cartilagem, em vez de osso. Tinham bocas arredondadas, providas de dentes, que ficavam sempre abertas, pois as lampreias não possuem mandíbulas. Algumas se originaram de ovos que eclodiram na poça até quatro anos antes. Tinham passado quase toda a vida escondidas nos leitos de lama das águas rasas do riacho, cegas e sem dentes. Essas larvas mais antigas, com quase duas vezes o comprimento de um dedo humano, tinham passado para a forma adulta nesse outono. Pela primeira vez, tinham olhos que lhes permitiam enxergar o mundo aquático no qual viviam. Agora, do mesmo modo que as verdadeiras enguias, elas sentiam, no tranquilo fluxo de água em direção ao mar, algo que as impelia a descer para a água salgada, na qual passariam por um período de vida marinha. Ali, teriam uma existência semiparasítica em bacalhaus, hadoques, cavalas, salmões e muitos outros peixes. Na época adequada, elas retornariam ao rio, como seus pais, para desovar e morrer. Todos os dias, um pequeno número de lampreias jovens passava pela represa formada pelo tronco. Numa noite nublada, após a precipitação da chuva, quando um nevoeiro pairava sobre o vale do rio, elas foram acompanhadas pelas enguias.

Na noite seguinte, as enguias chegaram a um local onde o fluxo do rio divergia em torno de uma ilha dotada de exuberante cobertura de carvalhos. As enguias seguiram o canal do lado sul da ilha, onde havia um amplo leito lamacento. A ilha tinha sido formada durante um período que abrangeu séculos, quando a corrente deixava ali parte de seus sedimentos antes de juntar-se ao rio principal. Gramíneas se enraizaram e cresceram; sementes de árvores foram trazidas pela água e pelas aves; brotos de salgueiro irromperam de ramos quebrados carregados pelas águas; uma ilha nascera.

No instante em que as enguias invadiram o rio principal, as águas estavam acinzentadas pela luz do dia que se aproximava. O canal do rio tinha 3,5 metros de profundidade e sua água era turva por causa do influxo de muitos afluentes que se adensaram com as chuvas de outono. As enguias não temiam a água escura do canal durante o dia tanto quanto temiam as águas claras e rasas dos córregos da montanha. Por isso, nesse dia elas não repousaram, mas avançaram rio abaixo. Havia muitas outras enguias no rio: eram migrantes de outros córregos. A elevação do número de indivíduos fez crescer o entusiasmo das enguias. Com o passar dos dias, elas descansavam com menos frequência, seguindo adiante com urgência febril.

À medida que o rio se alargava, um estranho sabor invadia a água. Era um gosto ligeiramente amargo. Em certas horas do dia e da noite, o sabor ficava mais forte na água que as enguias sugavam pela boca e expeliam pelas brânquias. Além do sabor amargo, elas notaram também movimentos aquáticos desconhecidos: sentiam uma resistência ao fluxo das correntes do rio, seguida por um lento relaxamento, após o qual havia uma rápida aceleração da corrente.

Nessa região, finas varas apareciam a distâncias regulares umas das outras, na direção do mar. Elas escoravam formas afuniladas, a partir das quais filas de estacas corriam obliquamente rumo à costa. Redes obscurecidas, forradas de algas limosas, iam de uma estaca a outra, alguns decímetros acima da água. Gaivotas pousavam sobre as redes, aguardando que essas fossem recolhidas pelos pescadores, na esperança de que pudessem ficar com alguns peixes rejeitados ou perdidos. As estacas estavam cobertas com cracas e pequenas ostras, pois havia sal suficiente na água para que esses animais ali crescessem.

Às vezes, as margens arenosas do rio ficavam salpicadas de aves costeiras que ali repousavam ou exploravam as águas à beira-mar em busca de caramujos, pequenos camarões, vermes ou outros alimentos. As aves costeiras eram próprias da beira-mar, e sua presença em grande número era indício da proximidade do oceano.

O estranho e amargo sabor na água ia crescendo, e o pulsar das marés batia com mais força. Em um dos recuos da água, um grupo de pequenas enguias – nenhuma com mais de 60 centímetros de comprimento – surgiu de um pântano salobro e juntou-se aos migrantes dos regatos das montanhas. Eram machos que nunca tinham subido os rios, mas haviam permanecido dentro da zona de marés e de água salgada.

A aparência de todos os migrantes sofria alterações profundas. Gradualmente, o traje verde-oliva que vestia o rio ia mudando para um negro cintilante, com as partes inferiores prateadas. Essas cores eram usadas apenas por enguias adultas, prestes a lançarem-se numa longa jornada marítima. Seus corpos eram firmes, revestidos com gordura – energia armazenada que poderia ser necessária antes do fim da viagem. Em muitos dos migrantes, os focinhos já estavam se tornando mais altos e mais comprimidos, como se o olfato estivesse ficando mais aguçado. Os olhos haviam dobrado de tamanho, talvez preparando-se para um mergulho nas escuras veredas do fundo marinho.

Nos locais em que o rio se alargava a caminho do estuário, as águas fluíam por uma encosta de argila situada na margem meridional. Enterrados na argila, havia milhares de dentes de antigos tubarões, vértebras de baleias e conchas de moluscos que tinham morrido na época em que as primeiras enguias chegaram ao mar, numa distante era geológica passada. Os dentes, ossos e conchas eram relíquias do tempo em que um mar morno invadiu todas as planícies costeiras; então, os restos de animais mais rígidos depositaram-se nos fundos limosos do oceano. Enterrados no escuro durante milhões de anos, eles eram levados para fora da argila durante as tempestades, expostos à luz do sol, que os aquecia, e banhados pela chuva.

As enguias passaram uma semana descendo a baía, correndo através da água, cuja salinidade se elevava. As correntes avançavam num ritmo que não era nem próprio de rios nem do mar, dominadas por redemoinhos (nas desembocaduras de muitos rios que despejavam na baía) e por depressões (num fundo lamacento

13. Jornada para o mar

que ficava de 9 a 12 metros abaixo da superfície). As marés baixas corriam mais céleres do que as altas, pois o forte fluxo dos rios resistia à pressão da água que vinha do mar com as cheias.

Finalmente, Anguilla se aproximou da abertura da baía. Com ela, desciam milhares de enguias, do mesmo modo que a água que as trazia de todas as montanhas e planaltos por milhares de quilômetros quadrados, de todos os regatos e rios que desembocavam no mar pela baía. As enguias seguiam um profundo canal que abraçava a costa oriental da baía e chegava a um local em que terra se tornava um grande pântano salgado. Além do charco, e entre ele e o mar, ficava um vasto braço da baía, pontilhado de ilhas cobertas por espartinas.[2] As enguias reuniam-se no pântano, aguardando o momento em que deveriam entrar no mar.

Na noite seguinte soprou um forte vento sudeste, vindo do oceano. Quando a maré começou a subir, o vento vinha por trás das águas do mar, empurrando-as em direção à baía e forçando-as sobre os pântanos. Naquela noite, o amargor da água salgada foi provado por peixes, aves, caranguejos, caramujos e todas as demais criaturas aquáticas do pântano. As enguias ficaram bem no fundo da água, saboreando o sal que se tornava mais concentrado hora após hora, à medida que a parede de água do mar era movida pelo vento, avançando para dentro da baía. As enguias estavam prontas para o mar – para o oceano profundo e tudo o que ele lhes reservava. Seus anos de vida fluvial estavam findos.

O vento se mostrava mais forte do que a lua e o sol. Quando a maré mudou, uma hora após a meia-noite, a água salgada continuava a acumular-se no pântano, sendo soprada contra a corrente numa espessa camada superficial, enquanto a água que ficava abaixo fluía para o mar.

Logo após a virada da maré, começou o movimento das enguias em direção ao mar. Nos amplos e estranhos ritmos de um mundo de águas que cada enguia conhecera no começo da vida, ritmos esses há muito esquecidos, as enguias passaram a mover-se hesitantes na maré que baixava. A água carregou-as através de um canal entre duas ilhas e levou-as para debaixo de um grupo de barcos de pesca de ostras, os quais estavam ancorados, esperando pelo raiar do dia. Quando chegasse a manhã, as enguias já estariam longe. Elas teriam passado por boias de mastro que demarcavam o canal da baía, e por boias de apito e de sino, ancoradas em bancos de areia e pedras. A maré reuniu-as na costa a sota-vento da ilha maior, de onde um farol disparava um longo feixe de luz para o mar.

---
2   Gênero de gramíneas litorâneas. (NT)

De uma extensão arenosa que avançava da ilha para o mar vinham gritos de aves costeiras que se alimentavam à noite, durante a maré baixa. Os gritos das aves e o estrépito da agitação marinha eram os sons típicos da costa, da beira-mar.

As enguias enfrentavam a linha de arrebentação, onde espumas claras efervesciam sobre a negra água, refletindo o brilho que vinha do farol. Após passarem pela arrebentação alimentada pelo vento, elas encontraram um mar mais tranquilo. Avançando sobre a areia que declinava, mergulharam em água profunda, que não se abalava com a violência do vento e das ondas.

Enquanto durou a descida da maré, havia enguias deixando os pântanos e correndo até o oceano. Milhares passaram pelo farol naquela noite, iniciando uma longa jornada para o mar – de fato, assim fizeram todas as enguias prateadas que estavam no pântano. À medida que passavam da agitação da costa para o mar aberto, elas também saíam do campo de visão (e, há quem diga, do campo de conhecimento) dos homens.

14. Refúgio de inverno

NA NOITE DE MARÉ da lua cheia seguinte, a neve, trazida por um vento noroeste, caiu sobre a baía. Quilômetro após quilômetro, a cobertura branca avançava sobre montanhas, vales e planícies paludosas de rios que serpenteavam em direção ao mar. Nuvens de neve em torvelinho varriam a baía. Durante toda a noite, o vento gritou sobre a água onde os flocos caíam, dissolvendo-se na negrura da baía.

A temperatura baixou 4 ºC em 24 horas. Sobre todas as planícies onde se estendera como fina camada, a maré, ao recuar pela abertura da baía na manhã seguinte, deixou poças d'água que rapidamente congelaram, a ponto de o último recuo não ter sequer alcançado o mar.

Os gritos das aves marinhas – estrídulos de maçaricos e tilintar de tarambolas – foram silenciados. Só se ouvia a voz do vento, que soava como um lamúrio sobre os pântanos salobros e a planície da maré. Durante a última maré baixa, as aves tinham corrido até a beira da baía, provando o gosto do sal. Naquele mesmo dia elas partiram, antes da nevasca.

De manhã, ainda com neve caindo do céu em turbilhões, um bando de patos de cauda longa, chamados patos-rabilongos, chegou do noroeste antes do vento. Suas longas caudas conheciam bem o gelo, a neve e o vento invernal. Os patos, felizes com a tempestade de neve, gritaram ruidosamente uns para os outros quando viram a alta coluna branca do farol, sinalizando a entrada da baía e, além dela, um amplo lençol cinzento, que era o mar. Os patos-rabilongos amavam o mar.

Viveriam nele durante todo o inverno, alimentando-se nas barreiras de mexilhões fixados em áreas de águas rasas e, à noite, repousando no oceano aberto, longe das linhas de arrebentação. Agora, avançando através da nevasca como flocos escuros no meio da neve, eles se dirigiam para os bancos rasos do mar, logo na saída do grande pântano salgado, na abertura da baía. Durante toda a manhã, eles se alimentaram avidamente nos leitos de mexilhões, que ficavam 6 metros abaixo da superfície. Ali, mergulharam em busca de mexilhões pretos.

Poucos dentre os peixes da baía ainda permaneciam em cavidades profundas, fora da foz dos rios mais baixos. Eram trutas-comuns, corvinas, garoupas e rodovalhos-americanos. Esses eram os peixes que veranearam na baía e alguns deles desovavam em planícies e estuários ou em profundas cavidades; eram também os peixes que conseguiram escapar das redes de arrasto que deslizavam ao longo do leito nas marés baixas e os que não caíram nas armadilhas conhecidas como tanques-rede.

Agora, as águas da baía estavam sob o rigor do inverno; o gelo cobria todas as regiões de águas rasas, e os rios traziam a água das montanhas invernais. Com isso, os peixes tomavam o rumo do oceano, lembrando-se do leito aquático que descia suavemente a partir da abertura da baía, na direção do mar aberto, e dos locais mornos, das águas tranquilas e dos crepúsculos azulados que se lançavam sobre a borda do declive do leito para o mar.

Por causa do frio, na primeira noite da nevasca, um cardume de trutas-comuns ficou aprisionado na parte alta de uma baía rasa e pantanosa que se voltava para o mar. A fina camada de água esfriou tão rapidamente que as trutas, que gostam do calor, ficaram paralisadas pelo frio e permaneceram no fundo da água, semimortas. Quando a maré baixou e as águas retornaram ao mar, os peixes, incapazes de acompanhar a corrente da maré, ficaram na água, que se tornava cada vez mais rasa. Na manhã seguinte, já havia gelo na cabeceira da baía. Centenas de trutas pereceram.

Um outro cardume de trutas, que tinha ficado em água mais profunda, distante do pântano salgado, escapou da morte representada pelo frio. Duas marés de sizígia antes, essas trutas tinham descido de seus territórios de caça mais acima na baía e permanecido bem no interior do canal que ia para o mar. Ali, os fortes recuos das marés baixas trouxeram até as trutas a percepção da água gelada que descia dos rios e era drenada dos bancos e das planícies lamacentas.

As trutas deslocaram-se para um canal mais profundo, pertencente a uma cadeia de três vales — semelhante à pegada do pé de uma monstruosa gaivota —, que descia fundo na areia macia da abertura da baía. O leito do canal conduziu-as

14. Refúgio de inverno

para baixo, descendo metro após metro rumo a águas mais calmas, sobre densos jardins de algas que balançavam ao ritmo dos movimentos aquáticos. Ali, a pressão das marés era menor do que sobre os declives e bancos de águas rasas do mar, pois os movimentos mais fortes das marés cheias restringiam-se às camadas superiores de água. As marés baixas eram intensas, com correntes robustas que desciam ao longo dos leitos dos vales, agitando a areia e carregando conchas vazias de berbigão, as quais rolavam e sacolejavam pelos suaves declives, descendo para as várzeas.

Quando as trutas entraram no canal, siris-azuis vindos da parte superior da baía passaram sob elas, deslizando e descendo os declives dos bancos, procurando depressões profundas e mornas para passar o inverno. Os siris arrastaram-se para dentro do espesso tapete de algas que crescia no leito do canal e abrigava camarões e pequenos peixes, além de outros caranguejos.

As trutas entraram no canal bem antes do crepúsculo, no início da maré baixa. Nas primeiras horas da noite, outros peixes passaram através do canal e alcançaram a corrente de maré, avançando em direção ao mar. As trutas nadavam perto do fundo, cruzando jardins de algas que oscilavam à passagem de miríades de corvinas, as quais desciam de todos os bancos ao redor, impulsionadas pelo frio. As corvinas se distribuíam em camadas com espessura de três ou quatro peixes, correndo sob o cardume de trutas e apreciando as águas do canal, que estavam bem menos frias do que as dos bancos de águas rasas.

Durante a manhã, a luz no canal era como um denso nevoeiro esverdeado, obscurecido com areia e limo. Vinte metros acima, o final da última maré cheia empurrava, na direção oeste, o cone vermelho da boia cônica que indica o começo do canal para os barcos que vinham do mar. A boia, puxada pela corrente da âncora que a prendia, oscilava e girava com o encrespar das águas. As trutas tinham chegado à junção de três canais – ou seja, ao calcanhar do pé da gaivota que apontava para o mar.

Na maré baixa seguinte, as corvinas partiram através do canal para o mar, em busca de águas mais mornas do que as da baía. As trutas-comuns ainda não tinham se decidido quanto ao seu destino.

Perto do final da maré baixa, um grupo agitado de jovens sáveis passou pelo canal, seguindo apressadamente para o mar. Eram peixes com o comprimento de um dedo, dotados de escamas da cor de ouro branco. Eles estavam entre os últimos de sua espécie a deixar a baía e tinham nascido de ovos que eclodiram nos afluentes daquela primavera. Milhares de outros peixes nascidos naquele ano já tinham deixado as águas dos bancos rasos da baía em direção à vastidão do mar, que lhes era desconhecido e estranho. Os jovens sáveis moviam-se rapidamente pela água salgada da abertura da baía, entusiasmados com o sabor esquisito do sal e com a agitação do mar.

Já não nevava mais; porém, o vento ainda soprava do noroeste, reunindo a neve em blocos à deriva na água e erguendo flocos soltos na superfície, juntando-os em formas fantásticas que rodopiavam no ar. O frio era amargo e inclemente. Todos os rios mais estreitos estavam congelados de uma margem a outra, e os barcos de pesca de ostras permaneciam presos nos ancoradouros. A baía jazia num rígido disco de gelo e neve. Com todas as marés baixas trazendo mais água dos rios, o frio se intensificava nos canais onde ficavam as trutas.

Na quarta noite depois da nevasca, o luar refulgia intenso sobre a superfície da água. O vento rompeu o resplendor em miríades de facetas luminosas. A superfície da baía brilhava com flocos dançantes e fluxos resplandecentes agitados. Naquela noite, as trutas viram centenas de peixes movendo-se para dentro do profundo canal acima delas e passando para o mar, como vultos escuros sob uma tela prateada. Os peixes eram outras trutas-comuns que haviam permanecido num buraco de 25 metros de profundidade, a 15 quilômetros da baía, numa parte do canal de um antigo rio que fora invadido pelo mar durante a formação da baía. Os peixes que tinham se mantido no canal, semelhante à pegada de uma gaivota, juntaram-se aos migrantes que vieram do buraco; reunidos, passaram todos para o mar.

Fora do canal, as trutas chegaram a um lugar de montanhas de areias movediças. As colinas subaquáticas eram menos estáveis do que as dunas da costa golpeadas pelo vento, pois não tinham raízes de aveias-do-mar ou gramíneas para segurá-las durante as investidas das ondas que galgavam o declive do leito marinho, vindas das zonas profundas do Atlântico. Algumas das colinas ficavam apenas poucos metros abaixo da superfície da água. A cada tempestade, elas se deslocavam: toneladas de areia amontoando-se ou sendo levadas adiante, durante um lapso de tempo tão curto quanto a subida da maré.

Depois de um dia vagando pelas dunas de areia, as trutas subiram até um platô elevado e varrido pela maré, o qual delimitava a margem da região de montanhas de areia submarinas. O platô, com 800 metros de largura e 3 quilômetros de extensão, ficava acima de um íngreme declive que caía regularmente até atingir grandes profundidades, formando um banco a apenas 9 metros abaixo da superfície. Numa ocasião, uma forte maré impulsionada por um vento sudoeste deslocara a areia sob a água e provocara o naufrágio de uma embarcação que se dirigia ao porto com 1 tonelada de peixes a bordo. Os restos do *Mary B.* ainda estavam sobre

14. Refúgio de inverno

a areia, que tinha afundado sob ele. Algas cresceram nas amuradas e no mastro principal, e suas longas lâminas verdes ondulavam na água, apontando para a terra durante as marés cheias, e para o mar nas vazantes.

Parte do *Mary B.* havia afundado na areia. O navio estava inclinado em direção à terra num ângulo de 45 graus. Uma espessa camada de algas tinha crescido sob a amurada protegida. O alçapão que mantinha fechado o depósito de peixes fora arrancado durante o naufrágio do navio. Agora, o depósito era como uma caverna escura para animais que gostavam de se esconder nas trevas. Em parte, o depósito estava cheio de esqueletos de peixes que permaneceram no navio após o naufrágio e foram descarnados pelos caranguejos. As janelas da casaria do convés, que tinham sido rompidas pelas ondas que tombaram o *Mary B*, passaram a ser usadas como galerias por todos os pequenos peixes que viviam em torno da embarcação, alimentando-se das criaturas que lhe incrustavam o casco. Peixes-galo--de-penacho, enxadas e cangulos entravam e saíam pelas janelas, em intermináveis procissões.

O *Mary B.* era como um oásis em meio a quilômetros de deserto marinho, um local onde miríades de pequenas criaturas – minúsculos invertebrados – encontravam condições para fixar-se. Pequenos peixes forrageadores achavam alimento nas incrustações que se formaram em todas as tábuas e mastros. Grandes predadores e rapinantes do mar encontravam sítios para se esconder.

No momento em que a luminosidade verde do dia estava se extinguindo, as trutas-comuns aproximaram-se do escuro casco do navio naufragado. Elas apanharam alguns dos pequenos peixes e caranguejos que encontraram em volta do barco e saciaram a fome acumulada ao longo da rápida jornada desde as águas frias da baía. Em seguida, prepararam-se para passar a noite perto das vigas cobertas de algas do *Mary B.*

O cardume de trutas permaneceu nas águas sobre o navio naufragado numa letargia que poderia ser interpretada como adormecimento. Cada peixe movia suavemente suas nadadeiras, conseguindo com isso manter sua posição em relação ao navio e aos demais peixes, enquanto a maré pressionava o baixio, levantando o declive em direção à terra.

Ao anoitecer, o serpenteante cortejo de pequenos peixes que se moviam pelas janelas da casaria do convés e pelos buracos abertos nas madeiras apodrecidas se dispersou. Os peixes encontraram lugares de repouso em torno da embarcação. Com o crepúsculo, que chegava cedo no mar invernal, os grandes caçadores que viviam no *Mary B.* e ao seu redor entraram rapidamente em ação.

Um braço longo, parecido com uma serpente, foi alçado para fora da escura caverna do depósito de peixes, prendendo-se ao convés com uma dupla fileira de ventosas. Um após outro, oito tentáculos apareceram, agarrando-se ao convés enquanto um vulto escuro saía do porão. A criatura era um grande polvo que vivia no depósito de peixes do *Mary B.* Ele deslizou pelo convés e se dirigiu para um recesso dentro da casaria, onde se escondeu para dar início à caçada noturna. No período em que o polvo permaneceu sobre as velhas pranchas cobertas por algas, seus tentáculos não pararam por um instante sequer, mas lançaram-se ativamente em todas as direções, procurando presas desatentas em fendas e frestas.

O polvo não precisou esperar muito até que um pequeno bodião-do-norte, que se alimentava de hidroides viscosos nas pranchas do lado de fora do navio, decidiu buscar comida nas paredes da casaria. O bodião, sem suspeitar do perigo, chegou mais perto. O polvo esperou, mantendo os tentáculos imóveis e os olhos fixos no peixe, que se aproximava. O pequeno bodião veio até a quina da casaria, inclinando-se a 45 graus em relação ao convés. Um longo tentáculo chicoteou perto da quina, e sua sensível extremidade enrolou-se em torno do bodião. O peixe lutou com todas as forças para escapar da sucção das ventosas que se grudavam em suas escamas, nadadeiras e brânquias, mas foi rapidamente conduzido até a ávida boca do polvo e despedaçado pelo "bico" cruel do molusco, parecido com o de um papagaio.

Muitas vezes naquela noite, o polvo, que permanecia sempre à espreita, agarrou peixes e caranguejos desatentos que ficavam ao alcance de seus tentáculos. Às vezes, ele saía para capturar um peixe que passava a uma distância maior. Nessas ocasiões, era propelido por meio de jatos de um líquido que saía de seus sifões, bombeado por seu corpo flácido, semelhante a um saco. Raramente seus tentáculos envolventes e a ação sugadora de suas ventosas falhavam em seus objetivos. Gradualmente, a pressão da fome voraz no estômago da criatura era amenizada.

Num momento em que as gramíneas na proa do *Mary B.* balançavam confusamente com a mudança da maré, uma grande lagosta emergiu de seu esconderijo no leito das algas e seguiu em direção à costa. Em terra, o corpo desajeitado da lagosta pesaria uns 15 quilos, mas, no fundo do mar, ele recebia a influência do empuxo da água, de modo que o animal movia-se agilmente sobre as extremidades de suas quatro pernas delgadas. A lagosta tinha garras, ou quelas, grandes e esmagadoras, que se mantinham estendidas na frente do corpo, prontas para agarrar as presas ou atacar algum inimigo.

Andando pelo navio, a lagosta parou para pegar uma grande estrela-do-mar que se arrastava sobre a crosta branca de um tapete de cracas na popa do navio naufragado. A estrela-do-mar, que se contorcia nas garras cortantes das pernas diantei-

14. Refúgio de inverno

ras da lagosta, foi levada até a boca do crustáceo, onde outros apêndices articulados, em ativo movimento, prensaram a criatura espinhosa contra mandíbulas triturantes.

Depois de comer parte da estrela-do-mar, a lagosta abandonou o restante aos caranguejos carniceiros e começou a andar sobre o fundo do mar. Parou uma vez para escavar à procura de mexilhões, revolvendo ativamente a areia. Durante todo o tempo, suas longas e sensíveis antenas vasculhavam a água para captar odores de alimento. Não encontrando mexilhões, a lagosta dirigiu-se até as sombras, para sua refeição noturna.

Pouco antes do anoitecer, uma das jovens trutas-comuns tinha descoberto a terceira das grandes criaturas predadoras que viviam no navio. Tratava-se de Lophius, o peixe-pescador, uma criatura atarracada e disforme, parecida com um pulmão, dotada de boca larguíssima, com fileiras de dentes afiados. Um curioso bastão elevava-se sobre sua boca, como se fosse uma vara de pescar, na extremidade da qual balançava uma isca, parecida com um pedaço de carne em forma de folha. Sobre a parte mais ampla do corpo do peixe-pescador havia fiapos de pele que oscilavam na água, dando ao peixe a aparência de uma pedra coberta por algas. Duas barbatanas espessas, que mais pareciam nadadeiras de um mamífero aquático do que de peixe, saíam de seus flancos. Para mover-se sobre o fundo do mar, o peixe-pescador era impelido para a frente pelas barbatanas.

Lophius estava sob a proa do *Mary B.* quando a jovem truta se deparou com ele. O peixe-pescador estava imóvel, com seus olhos pequenos e perniciosos voltados para cima, no topo da cabeça achatada. Ele estava parcialmente oculto por algas, e sua silhueta era, em grande parte, disfarçada pelos fiapos de pele solta ao seu redor. Lophius era invisível para a maioria dos peixes que se moviam pelo navio afundado, com exceção dos mais cautelosos. Cynoscion, a truta-comum, não notou o peixe-pescador, mas viu um pequeno objeto brilhante e colorido balançando-se na água, cerca de 30 centímetros acima da areia. O objeto subia e descia. A truta, que já vira movimentos semelhantes feitos por camarões e vermes, além de outros animais de que se alimentava, aproximou-se para investigar. Quando já tinha se deslocado por uma distância equivalente a duas vezes o comprimento de seu corpo, um pequeno peixe-enxada rodopiou pela água e mordiscou a isca. No lugar onde, um momento antes, algas inofensivas oscilavam na maré, instantaneamente surgiu um lampejo de fileiras gêmeas de dentes brancos e afiados, e o peixe-enxada desapareceu na boca de Lophius.

Diante do inesperado ataque, Cynoscion disparou em súbito pânico e ocultou-se sob uma prancha apodrecida do convés. As coberturas de suas brânquias moviam-se rapidamente, acompanhando a crescente inspiração de água.

A camuflagem do peixe-pescador era tão perfeita que a truta não conseguira ver o contorno de seu corpo. Os únicos alertas de perigo foram o lampejo dos dentes e o repentino desaparecimento do peixe-enxada. Por outras três vezes, enquanto observava a isca balouçante e colorida, Cynoscion viu peixes nadarem para perto do objeto a fim de investigá-lo. Dois deles eram bodiões-do-norte; outro tinha sido um peixe-galo-de-penacho, com corpo alto e comprimido, de cor prateada. Os três tocaram a isca e desapareceram para dentro do estômago do peixe-pescador.

O crepúsculo deu lugar à escuridão. Cynoscion nada mais via sob as tábuas podres do convés. Mas, com o passar da noite, de tempos em tempos, ela sentia o súbito movimento de um grande corpo abaixo de si. Depois da meia-noite, não houve mais movimento no leito de algas sob a proa do *Mary B.*, pois o peixe-pescador partira em busca de caça maior do que os poucos e pequenos peixes que tinham vindo sondar a sua isca.

Um bando de êideres viera passar a noite nas águas rasas do baixio. Primeiro, eles haviam pousado a 3 quilômetros de distância da terra, mas o mar rolava com ondas altas, quebrando-se sobre o fundo áspero. Depois da mudança da maré, o mar espumava na água escura que rodeava os patos. O vento soprava em direção à terra, contrariando a corrente da maré. Os patos, sem conseguir dormir naquele local, voaram até a borda do baixio, onde a água era mais tranquila. Ficaram ali, no limite da região de formação das altas ondas. Embora dormissem – alguns com a cabeça encolhida sob as penas das asas –, frequentemente tinham de remar com os pés membranosos, para não serem levados pela rápida corrente da maré.

Quando o céu começou a clarear pelo lado leste e a água acima da margem do banco tornou-se cinzenta em vez de negra, da perspectiva de um ponto sob a superfície da água os vultos dos patos flutuantes eram vistos como formas ovais envoltas por uma aura prateada, formada pelo ar alojado entre suas penas e o filme líquido da água. Os êideres eram observados por olhos submersos maldosos. Eram os olhos de uma criatura que nadava lentamente e com movimentos desajeitados – um ser parecido com um grande e disforme pulmão.

Lophius estava bem ciente de que havia aves por perto, pois o cheiro e o sabor de patos eram fortes na água que passava sobre as papilas gustativas que cobriam sua língua e a sensível mucosa de sua boca. Mesmo antes que a intensidade da luz aumentasse e trouxesse as formas na superfície para o interior de seu cônico campo de visão, ele tinha visto lampejos fosforescentes enquanto os pés dos patos agitavam a água. Lophius já avistara tais lampejos antes: em geral, eles significavam que havia aves repousando na superfície. Sua caçada noturna lhe garantira apenas uns poucos peixes de tamanho moderado, insuficientes para preencher um estômago que podia comportar duas dúzias de grandes linguados ou sessenta arenques, ou, ainda, um peixe tão grande quanto o próprio peixe-pescador.

    Lophius aproximou-se da superfície, subindo com o bater de suas nadadeiras. Nadou sob um êider que estava um pouco distante dos demais membros do grupo. O pato dormia com o bico escondido entre as penas e um dos pés balançando sob o corpo. Antes que pudesse acordar para perceber o perigo, ele foi apanhado por uma boca com dentes afiados, que abarcava uma extensão de aproximadamente 30 centímetros. Em repentino terror, o pato agitou as asas na água e remou com o pé livre, tentando levantar voo. Com uma grande dose de esforço, ele começou a erguer-se da água, mas o peixe-pescador, com todo o seu peso, pendia de seu corpo e puxava-o para baixo.

    O grasnado do infeliz êider e as batidas de suas asas alarmaram seus companheiros. Com uma forte agitação na água, o restante do bando alçou voo, desaparecendo no fino nevoeiro que pairava sobre o mar. De uma das pernas do pato vertia sangue vermelho-brilhante. Com a vida esvaindo-se no mar, o vigor de sua luta foi diminuindo e a força do grande peixe passou a prevalecer. Lophius puxou o pato para baixo, mergulhando para longe da nuvem de água avermelhada, bem no momento em que um tubarão apareceu na luz ainda fraca, atraído pelo odor de sangue. O peixe-pescador levou o pato para o fundo do baixio e engoliu-o por inteiro, pois seu estômago era capaz de enorme distensão.

    Meia hora mais tarde, Cynoscion, a truta-comum que circundava o navio naufragado em busca de pequenos peixes, viu o peixe-pescador retornando ao seu esconderijo sob a proa do *Mary B.*, impelindo a si próprio com as nadadeiras peitorais, parecidas com mãos humanas. Cynoscion viu Lophius arrastar-se para dentro da sombra do navio e avistou as algas que ondulavam sob a parte da proa que o recebia. Ali, o peixe-pescador ficaria vários dias em estado de torpor, digerindo sua refeição.

    Durante o dia, a água esfriou alguns imperceptíveis graus. À tarde, a maré baixa trouxe um grande fluxo de água fria da baía. Após o crepúsculo, as trutas, influenciadas pelo frio, deixaram o barco naufragado e correram para o mar durante toda a noite, descendo a planície que declinava progressivamente sob elas. Moveram-se sobre fundos macios e arenosos, às vezes subindo para contornar um montículo, uma região mais elevada ou um amontoado de conchas quebradas. Elas aceleravam, parando pouco, por causa do frio que se acentuava. Hora após hora, a camada de água sobre elas ficava mais espessa.

As enguias devem ter passado por esse mesmo caminho, cruzando a área de montanhas submarinas de areia e descendo ao longo das planícies em declive e das pradarias do mar.

Durante os dias que se seguiram, quando paravam para um descanso ou para alimentar-se, as trutas eram frequentemente alcançadas por cardumes de peixes. Várias vezes encontraram-se com bandos de peixes forrageadores de muitas espécies. Eles vinham de todas as baías e rios ao longo de muitos quilômetros da orla costeira, escapando do frio do inverno. Alguns chegavam de muito longe, ao norte, mais precisamente das costas de Rhode Island e Connecticut; outros eram oriundos da costa de Long Island. Esses últimos eram pargos – peixes de corpo fino, dorso alto e arqueado e barbatanas espinhosas, cobertos com escamas em placas. Todos os invernos, os pargos vinham da Nova Inglaterra para as águas ao largo dos cabos da Virgínia e, então, retornavam na primavera para desovar nas águas mais ao norte, onde seriam apanhados em armadilhas e redes que se fechavam em círculo. Quanto mais para longe as trutas-comuns viajavam pela plataforma continental, mais frequentemente elas viam os bandos de pargos na opacidade verde à sua frente. Os grandes peixes cor de bronze subiam e logo mergulhavam até o fundo, apanhando vermes, bolachas-da-praia e caranguejos que perambulavam a 2 metros ou mais abaixo da superfície para abocanhar alimento.

Às vezes, havia cardumes de bacalhaus, vindos de Nantucket Shoals para invernar nas águas mais quentes do sul. Alguns bacalhaus desovariam nesses locais – que pareciam estranhos para sua espécie –, deixando seus descendentes jovens nas correntes oceânicas, que jamais os conduziriam de volta para o lar dos bacalhaus, nas latitudes mais ao norte.

O frio aumentava: era como um muro movendo-se pelo mar através da planície costeira. Não se tratava de nada que pudesse ser visto ou tocado; no entanto, era tão real e intransponível para um peixe quanto uma rocha. Em invernos mais amenos, os peixes teriam se dispersado amplamente sobre a plataforma continental – as corvinas, bem perto da costa; os linguados, nas partes mais arenosas; os pargos, em todos os vales em declive, cujos fundos são ricos em alimento; e as garoupas, em todo lugar com fundo rochoso. Nesse ano, porém, o frio forçou-os, quilômetro após quilômetro, para o limite da plataforma continental, para a fronteira do mar profundo. Ali, na água tranquila, com temperatura amenizada pela corrente do Golfo, eles encontravam proteção contra o inverno.

Mesmo no período em que os peixes cruzavam a plataforma continental, vindos de todas as baías e rios, havia barcos dirigindo-se para o sul e para o mar aberto. As embarcações, achatadas e de linhas disformes, arfavam e deslizavam pelo mar invernal. Eram traineiras que chegavam de muitos portos ao norte, com o propósito de pegar os peixes em seus refúgios de inverno.

Apenas uma década antes, trutas-comuns, rodovalhos-americanos, pargos e corvinas viam-se livres do perigo das redes dos pescadores, tão logo deixavam as baías e os canais. Mas, num determinado ano, chegaram os barcos que arrastavam redes parecidas com grandes bolsas. Eles vinham do norte, passando longe da costa, lançando as redes e arrastando-as no fundo do mar. No início, não conseguiram nenhum peixe. Quilômetro após quilômetro, eles moveram-se adiante. Finalmente, as redes apareceram cheias de peixes de valor comercial. As regiões de retiro invernal dos peixes costeiros – que no verão ocupavam baías e estuários – tinham sido descobertas.

Desde aquele dia, as traineiras chegavam a cada estação e apanhavam milhares de toneladas de peixes todo ano. Agora, elas estavam a caminho, vindas de portos pesqueiros ao norte. Havia traineiras de hadoques originárias de Boston e pesqueiros de linguados oriundos de New Bedford; havia barcos de pesca de peixe-vermelho, vindos de Gloucester, e de bacalhau, de Portland. A pesca de inverno nas águas do sul é mais fácil do que nos Grandes Bancos ou nos bancos Scotian; é mais fácil até mesmo do que nos bancos Georges e Brown ou no Canal da Mancha.

Mas aquele inverno estava bem frio; as baías foram envolvidas por gelo, e o mar era tempestuoso. Os peixes tinham ido para muito longe no mar aberto, algo como 100 ou 150 quilômetros. Eles ficavam bem no fundo da água, quase 200 metros abaixo da superfície.

As redes saíam de conveses escorregadios por causa dos respingos da nuvem de água que subia do mar e atingia os barcos. As malhas estavam rígidas com o gelo. Todas as cordas e cabos gemiam e estalavam na geada. As redes desceram dezenas de metros abaixo da superfície da água e foram se distanciando do gelo, do granizo, do vento uivante e do mar encrespado, baixando para um local no limiar do mar profundo, onde as águas eram calmas, a temperatura era amena, e os peixes vagavam durante o crepúsculo azul.

15. Retorno

O REGISTRO DA JORNADA da enguia até seu local de desova está oculto no mar profundo. Ninguém seria capaz de rastrear o caminho das enguias que deixaram o pântano salobro na saída da baía naquela noite de novembro, quando o vento e a maré lhes incitaram o desejo pela água morna do oceano. Ninguém sabe como elas passaram da baía para a profunda bacia do Atlântico, que fica ao sul das Bermudas e a 800 quilômetros ao leste da Flórida. Também não há um registro claro da jornada daqueles outros bandos de enguia que no outono passaram para o mar, vindos de quase todos os rios e cursos d'água da costa do Atlântico, desde a Groenlândia até a América Central.

Ninguém sabe como as enguias seguiram para seu destino comum. Provavelmente, afastaram-se das águas verde-pálidas da superfície, resfriadas pelo vento do inverno e claras como os córregos das montanhas – que as enguias temiam descer durante o dia. Em vez disso, talvez tenham viajado por profundidades medianas ou seguido os contornos da inclinada plataforma continental, descendo pelos vales dos rios em que nasceram (agora cobertos pelo mar), os quais tinham recortado canais na planície costeira milhões de anos atrás. Mas, de algum modo, as enguias chegaram até a margem da plataforma continental, onde os lamacentos declives da muralha do mar caíam rapidamente, de modo que elas passaram para os abismos mais profundos do Atlântico. Ali, as jovens enguias surgiriam da escuridão do mar profundo, e as velhas morreriam, convertendo-se novamente em mar.

15. Retorno

No início de fevereiro, bilhões de partículas de protoplasma flutuavam nas trevas, suspensas bem abaixo da superfície do mar. Eram larvas que acabavam de sair dos ovos – os únicos testemunhos que restaram de suas enguias parentais. As jovens enguias conheciam então, pela primeira vez, a vida na área de transição entre a superfície do mar e a região abissal. Trezentos metros de água jaziam acima delas, consumindo totalmente os raios de sol. Apenas os raios mais fortes infiltravam-se até o nível onde as enguias perambulavam no mar – um resíduo frio e estéril de tonalidades azuis e ultravioletas, desprovido de qualquer calor dos raios vermelhos, amarelos e verdes. Durante uma vigésima parte do dia, o negror dava lugar a uma estranha luz de um azul vívido que parecia vir de outro planeta. Mas somente os raios solares mais intensos e que incidiam perpendicularmente durante o zênite tinham capacidade de desfazer as trevas. O amanhecer no mar profundo confundia-se com o entardecer. Rapidamente, a luz azul desvanecia; então, as enguias tornavam a viver em meio à longa noite, que era um pouco menos negra do que o abismo, onde as trevas noturnas eram infinitas.

De início, as jovens enguias sabiam muito pouco sobre o estranho mundo no qual haviam chegado, mas viviam passivamente em suas águas. Não buscavam comida; em vez disso, nutriam seus corpos achatados com o resíduo de seus tecidos embrionários. Desse modo, não eram inimigas de nenhum de seus vizinhos. Perambulavam sem esforço, flutuando graças ao seu formato de folha e ao equilíbrio entre a densidade de seus tecidos e a da água do mar. Seus pequenos corpos eram como cristal, desprovidos de cor. Mesmo o sangue que corria em seus vasos, impulsionado por um coração de tamanho infinitesimal, era despigmentado; apenas os olhos, pequenos como a ponta de um alfinete, mostravam-se coloridos. Por sua transparência, as jovens enguias viviam melhor nessa sombria zona marinha, onde só a harmonização com as características do ambiente poderia garantir segurança contra forrageadores famintos.

Bilhões de enguias jovens – bilhões de pares de minúsculos olhos negros mirando através do estranho mundo marinho – cobriam o abismo. Diante dos olhos das enguias, nuvens de copépodes vibravam em sua incessante dança vital, com corpos cristalinos que captavam a luz como ciscos de poeira, nas ocasiões em que o tênue brilho azul descia até ali. Sinos pálidos pulsavam na água; eram frágeis medusas adaptadas à vida num local em que 35 quilos de água pressionavam cada centímetro quadrado do fundo do mar. Mais rápidos que a luz que vinha de cima, cardumes de borboletas-do-mar passavam diante das enguias, exibindo seus vultos brilhantes sob a luz refletida, como uma chuva de bizarras pedras de granizo – adagas, espirais e cones dotados de uma clareza vítrea. Surgiam camarões parecidos com pálidos fantasmas na luz esmaecida. Às vezes, eles eram perseguidos por lampreias – peixes lívidos, de carne frouxa e com bocas arredondadas, dotados de fileiras de órgãos dispostos como joias sobre seus flancos cinzentos. Quando isso acontecia, os camarões comumente expeliam jatos de fluidos luminosos, os quais se convertiam numa incandescente nuvem que cegava e confundia os inimigos. A maioria dos peixes vistos pelas enguias portava um envoltório prateado, pois prata é a cor, ou o disfarce, que prevalece naquelas águas fora do alcance dos raios solares. Assim eram os pequenos peixes-dragões, longos e delgados, com dentes luzindo em suas bocas escancaradas, enquanto deambulavam pela água em infindável perseguição a presas. Os peixes mais estranhos de todos tinham o comprimento igual ao de um dedo humano e eram envoltos por uma pele coriácea que brilhava com luzes cor de turquesa e ametista. Seus corpos, cujos flancos resplandeciam como mercúrio, eram comprimidos bilateralmente e terminavam em extremidades agudas. Quando seus inimigos olhavam de cima, não viam nada, pois os dorsos dos peixes-machado tinham um padrão azulado que era invisível no mar negro. Quando os caçadores marinhos olhavam de baixo, eram confundidos e não podiam distinguir a presa com segurança, pois os flancos espelhados daqueles peixes refletiam o azul da água, fazendo seu contorno confundir-se na luz difusa.

 As enguias jovens viviam em uma camada que fazia parte de uma série de comunidades horizontais situadas umas sobre as outras, desde nereidas, as quais teciam seus fios de seda de uma fronde a outra de sargaços marrons que flutuavam na superfície, até aranhas-do-mar e camarões, que rastejavam precariamente sobre os limos profundos e moles do chão da zona abissal.

 Acima das enguias, ficava o mundo luminoso onde cresciam algas. Ali, pequenos peixes de colorações verdes e cerúleas brilhavam sob o sol. Medusas azuis e cristalinas moviam-se na superfície.

 Então, vinha a zona sombria, onde os peixes eram opalescentes ou prateados. Grandes camarões-vermelhos depositavam ovos de cor laranja brilhante. Havia também peixes pálidos, com bocas arredondadas e cujos primeiros órgãos luminosos tremeluziam na obscuridade.

 Vinha, em seguida, a primeira camada negra, onde nenhum ser tinha brilho prateado ou lustro leitoso. Em vez disso, todos eram opacos como a água em que viviam, exibindo tonalidades monótonas de vermelho, marrom e preto, por meio das quais podiam se confundir com a obscuridade do entorno e adiar o momento da morte nas mandíbulas de um inimigo. Ali, os camarões-vermelhos depositavam ovos de cor vermelha bastante intensa, as lampreias eram negras, e muitas criatu-

15. Retorno

ras possuíam tochas luminosas ou uma infinidade de pequenas luzes dispostas em fileiras ou padrões que lhes permitiam reconhecer um amigo ou inimigo.

Abaixo vinha a zona abissal, o leito marinho primordial, as profundezas do Atlântico. O abismo é um local em que as mudanças ocorrem lentamente, onde nem a passagem dos anos nem a rápida sucessão das estações fazem sentido. O sol não exerce seu poder naquelas profundidades, de modo que as trevas são infinitas, sem início, sem gradação. Não há raio de sol tropical que, incidindo na superfície situada quilômetros acima do fundo do mar, seja capaz de atenuar o frio desolador daquelas águas abissais, que pouco varia em todo o inverno ou verão, na passagem dos anos que se acumulam e se tornam séculos, em numerosas sucessões, convertendo-se em eras geológicas. Em toda a extensão das bacias oceânicas, correntes frias arrastam-se lentamente, de modo deliberado e inexorável, assim como o próprio fluxo do tempo.

Descendo milha após milha no mar – em profundidades que alcançam mais de 6 quilômetros – chega-se ao fundo do abismo, coberto com um limo espesso e mole acumulado através de eras geológicas. Essas grandes profundidades do Atlântico são atapetadas com argila vermelha, um depósito de material parecido com pedras-pomes, lançado de tempos em tempos por vulcões submarinos. Misturadas a essa substância, há esférulas de ferro e níquel que se originaram em épocas longínquas, atravessaram milhões de quilômetros pelo espaço interestelar, desintegraram-se na atmosfera terrestre e acabaram sepultadas no mar profundo. Bem acima, nas margens da grande bacia do Atlântico, o limo do fundo do mar é espesso e contém restos de esqueletos de minúsculas criaturas marinhas que habitam as águas superficiais: conchas de foraminíferos estrelados, resíduos calcários de algas e corais, esqueletos rígidos de radiolários e frústulas (paredes silicosas) de diatomáceas. Mas, muito antes que essas estruturas delicadas cheguem aos leitos mais profundos do abismo, elas são dissolvidas e integradas ao mar. Praticamente, apenas os ossos de ouvidos de baleias e os dentes de tubarões se tornam restos orgânicos que não se dissolvem antes de chegar às silenciosas profundidades da região abissal. Ali, na argila vermelha, em meio a trevas e quietude, jazem todos os remanescentes das antigas espécies de tubarões que, cogita-se, viveram antes que houvesse baleias no mar, antes que samambaias gigantes se multiplicassem na terra e antes que se formassem os depósitos subterrâneos de carvão. Todos os tecidos vivos desses tubarões retornaram ao mar milhões de anos antes, tendo sido usados vezes e vezes seguidas para produzir outras criaturas; mas, aqui e acolá, no limo de argila rubra do mar profundo, ainda pode haver dentes revestidos por uma camada de ferro de uma estrela longínqua.

O abismo ao sul das Bermudas é um ponto de encontro de enguias dos trechos ocidental e oriental do Atlântico. Há outras regiões muito profundas no oceano entre a Europa e a América – precipícios mergulhados entre cadeias de montanhas submarinas –, mas apenas essa é suficientemente profunda e morna para prover as condições necessárias à desova das enguias. Assim, uma vez por ano, as enguias adultas da Europa saem para uma jornada de 5 ou 6 mil quilômetros; igualmente, uma vez por ano, as enguias adultas da América oriental partem como se saíssem para encontrar-se com as colegas do Ocidente. É na parte mais ocidental da nuvem de algas de sargaço à deriva que algumas enguias se encontram e se acasalam (as que vêm da parte mais ocidental da Europa e as que são provenientes da parte mais oriental da América). Desse modo, na região central do território de desova das enguias, os ovos e formas jovens das duas espécies flutuam lado a lado na água. São tão semelhantes na aparência que só podem ser diferenciadas contando-se com extremo cuidado os ossos que constituem sua coluna vertebral e as placas de músculos que flanqueiam sua espinha. No entanto, no final do período larval, algumas procuram a costa da América, e outras, a da Europa; elas jamais se dirigem para o continente errado.

Com o passar dos meses, cada uma das jovens enguias cresceu em comprimento e corpulência. À medida que elas cresciam e a densidade dos tecidos de seus corpos mudava, as enguias migravam para a luz. A passagem para as camadas superiores da água do mar era como uma viagem pelo tempo na primavera do mundo ártico, com as horas de sol aumentando em número, dia após dia. Pouco a pouco, prolongava-se o nevoeiro azulado do dia, e as noites ficavam mais curtas. Não demorou para que as enguias chegassem à profundidade na qual os primeiros raios esverdeados, vindos do alto e penetrando a água, aqueciam a luz azul. Assim, elas entraram na zona onde cresciam algas e encontraram seu primeiro alimento.

As algas que recebiam energia suficiente do resíduo de luz solar para impulsionar os processos vitais eram esferas flutuantes. A primeira refeição das jovens enguias, que precisavam alimentar seus corpos claros e vítreos, foi o material de células de antigas algas pardas, uma espécie que se originou vários milhões de anos atrás, muitos anos antes que a primeira enguia ou o primeiro vertebrado de qualquer grupo animal existisse nos mares do planeta. Durante todas as eras geológicas intermediárias, enquanto um grupo de seres vivos após outro surgia e se extinguia, essas algas persistiram no mar, formando paredes protetoras de calcário idênticas às que revestiam as células de seus primeiros ancestrais.

15. Retorno

Não apenas as enguias alimentavam-se de algas. Nessa região azul-esverdeada, o mar era repleto de copépodes e outros animais planctônicos que forrageavam algas à deriva. Havia multidões de animais semelhantes a camarões e que comiam copépodes. A água era iluminada por lampejos tremeluzentes de pequenos peixes que caçavam camarões. As enguias jovens eram perseguidas por crustáceos, lulas, medusas e vermes famintos, além de muitos peixes que as rondavam boquiabertos pela água, dela retirando alimento com a boca e com os filamentos das guelras.

Em meados do verão, as enguias estavam com 2,5 centímetros de comprimento. Tinham a forma de folhas de salgueiro – perfeita para os seres à deriva nas correntes. Elas haviam chegado às camadas superficiais do mar, em cujas águas claras e esverdeadas os pontos negros de seus olhos podiam ser vistos por inimigos. As enguias sentiam as ondas subirem e rolarem, e conheciam a deslumbrante claridade do meio-dia nas águas puras do oceano aberto. Às vezes, elas moviam-se em meio a florestas de sargaços, talvez aproveitando o abrigo sob os ninhos dos peixes-voadores, ou vagueavam nos espaços abertos, escondendo-se sob a proteção do flutuador de uma caravela-portuguesa.

Nas águas superficiais havia correntes em movimento. E onde havia correntes em movimento, para lá eram conduzidas as jovens enguias. Indistintamente, todas eram levadas pelo torvelinho da correnteza do Atlântico Norte, tanto as jovens enguias da Europa quanto as da América. Suas caravanas passavam pelo mar como um grande rio, engrossado por águas do sul das Bermudas e composto por jovens enguias em número além de qualquer estimativa. Pelo menos em parte dessa corrente viva, as duas espécies de enguia viajavam lado a lado, mas agora podiam ser facilmente distinguidas, pois as enguias americanas eram quase duas vezes maiores que suas companheiras europeias.

As correntes oceânicas formavam um grande círculo, fluindo do sul para o oeste e o norte. O verão estava terminando. Todos os frutos do mar tinham sido semeados e colhidos, um após outro – as diatomáceas da primavera, os enxames de animais do plâncton, que cresciam e se multiplicavam entre algas abundantes, e as miríades de jovens peixes, que se alimentavam das nuvens de plâncton. Agora, a quietude de outono reinava sobre o mar.

As jovens enguias estavam muito distantes de seu primeiro lar. Gradualmente, a caravana começou a dividir-se, formando duas colunas, uma dirigindo-se para o oeste, e outra, para o leste. Antes dessa época, é provável que tenha havido mudanças sutis nas respostas do grupo de enguias que cresce mais rápido – algo que as fez desviar mais e mais para o oeste do largo rio de águas revoltas na superfície do mar.

Quando se aproximava a época de abandonarem a forma de folha, típica das larvas, e tomarem a forma arredondada e sinuosa de seus pais, crescia-lhes o impulso em direção a águas mais frescas e rasas. Agora, descobriam a força de músculos ainda não usados e avançavam para a costa, contra a força do vento e da corrente. Sob o poder cego (porém vigoroso) do instinto, toda atividade de seus pequenos e vítreos corpos era inconscientemente direcionada para um objetivo inédito em sua própria experiência, algo impresso tão profundamente na memória da espécie que cada indivíduo voltava, sem hesitação, para a costa da qual tinham vindo os seus pais.

Poucas enguias do Atlântico Oriental ainda perambulavam entre as larvas do Atlântico Ocidental, mas nenhuma sentia o impulso de abandonar o mar profundo. Todos os processos de crescimento e desenvolvimento de seus corpos foram ajustados para um ritmo mais lento. Só depois de outros dois anos elas estariam prontas para tomar a forma de enguia adulta e seguir em direção às águas frescas. Até lá, ficavam passivamente à deriva nas correntes.

Ao leste, no meio do Atlântico, estava outro bando de viajantes com a forma de folhas; eram as enguias originárias da desova do ano anterior. Mais ainda para o leste, na latitude dos bancos costeiros da Europa, encontrava-se outro grupo de larvas de enguia à deriva, que eram um ano mais velhas e tinham chegado ao tamanho das adultas. Naquela mesma estação, um quarto grupo de enguias jovens tinha chegado ao final de sua estupenda jornada e estava invadindo baías e canais, avançando contra a corrente dos rios da Europa.

Para as enguias americanas, a viagem era mais curta. No meio do inverno, seus bandos moviam-se pela plataforma continental, aproximando-se da costa. Embora o mar estivesse frio – em virtude dos ventos gelados que sopravam sobre as águas e também por causa do afastamento do sol –, as enguias migrantes permaneciam nas águas superficiais, pois não necessitavam mais do calor tropical do mar em que tinham nascido.

Enquanto as enguias jovens se dirigiam para a costa, passava sob elas outro bando da mesma espécie, representando outra geração que chegava à maturidade e se adornava com esplendor negro e prateado, retornando ao primeiro lar. As duas gerações devem ter passado uma pela outra sem se reconhecerem, uma no limiar de uma nova vida, e outra prestes a se perder na escuridão do mar profundo.

A água ficava mais rasa sob elas, à medida que se aproximavam da costa. As jovens enguias tomavam nova forma, com a qual subiriam os rios. Seus corpos foliáceos tornavam-se compactos por um encurtamento em sua extensão e largura, de modo que a folha achatada tornava-se um cilindro espessado. Os grandes dentes da forma larval tinham caído; as cabeças tornavam-se arredondadas.

15. Retorno

Pequenas células dispersas, carregadas de pigmento, apareceram ao longo da coluna vertebral, mas a maior parte do corpo das jovens enguias ainda era transparente como vidro. Nesse período, eram chamadas "enguias de vidro".

Nessa época, as enguias ficavam à espera no cinzento mar de março. Eram criaturas do mar profundo, prontas para invadir a terra. Permaneciam ali antes de invadir as baías, os estuários, os pântanos e as plantações de arroz-silvestre da costa do Golfo, ao largo dos canais do Atlântico Sul, prontas para correr para o interior dos canais e para os charcos que margeavam os estuários. Elas aguardavam ao largo dos gelados rios setentrionais que desciam com velocidade e ímpeto tão fortes quanto os de marés vivas, lançando longos braços de água doce para o mar. Isso fazia as enguias sentirem o gosto estranho da água e moverem-se com entusiasmo em sua direção. Em cifras de centenas de milhares, elas esperavam ao largo da entrada da baía, a partir da qual, pouco mais de um ano antes, Anguilla e suas companheiras tinham seguido rumo ao mar profundo, obedecendo cegamente a um propósito da espécie, que era agora cumprido com o retorno das jovens enguias.

As enguias se aproximavam de um ponto na terra marcado pela delgada coluna branca de um farol. Os anatídeos,[1] quando circundavam a região bem acima do mar, no retorno vespertino de todos os dias, voltando dos territórios de alimentação na costa. Ao anoitecer, eles voavam para as águas escuras, batendo as asas de maneira rápida e alvoroçada. Os barulhentos cisnes que se dirigiam em bandos para o norte, na migração primaveril, também as viram, tingidas no mar verde abaixo deles. Os líderes dos cisnes soaram uma nota tríplice ao avistar na terra o local que marcava a proximidade da primeira parada na longa viagem de Carolina Sounds às áreas desoladas do Ártico.

As marés corriam altas com a fase cheia da lua. Nas marés baixas, o sabor da água doce chegava forte até os peixes no mar, ao largo da entrada da baía, pois todos os rios transbordavam.

Ao luar, as jovens enguias viram a água encher-se de peixes grandes, roliços e com escamas prateadas. Eram sáveis retornando dos locais em que se alimentavam, esperando que o gelo saísse da baía, pois deveriam subir os rios para desovar. Cardumes de corvinas estavam no fundo do leito marinho, produzindo vibrações na água. As corvinas, acompanhadas das trutas-comuns e das roncadeiras-de--pinta, tinham partido dos locais onde passaram o inverno, em busca de lugares para se alimentar na baía. Outros peixes vinham com a maré e ficavam com as ca-

---

1   Marrecos, patos, cisnes e afins. (NE)

beças voltadas para a corrente, esperando apanhar pequenos animais trazidos pelo rápido fluxo de água. Esses peixes eram percas, que pertenciam exclusivamente ao mar e não subiriam os rios.

Quando a lua diminuiu de tamanho e o ímpeto das marés desvaneceu, as enguias jovens avançaram rumo à entrada da baía. Depois de a neve ter-se derretido e retornado como água para o mar, não tardaria para chegar a noite de luar tímido e baixa pressão da maré; então, cairia uma chuva morna, envolta em nevoeiro, trazendo o aroma agridoce do desabrochar das flores. Nesse instante, as enguias entrariam na baía e, subindo pela costa, encontrariam os rios.

Algumas permaneceriam por mais tempo nos estuários dos rios salobros, com sabor de mar: as jovens enguias-machos, incapazes de suportar a estranheza da água doce. Mas as fêmeas avançariam, nadando para cima, contra as correntes dos rios. Elas subiriam rapidamente, durante a noite, do mesmo modo que suas mães tinham corrido corrente abaixo. Em fileiras com vários quilômetros de extensão, elas serpenteariam pelas águas rasas dos rios e córregos, cada uma muito próxima da cauda da companheira que ia à sua frente, de modo que o conjunto assemelhava-se a uma serpente de extensão gigantesca. Nenhuma dificuldade ou obstáculo as deteria. Seriam predadas por peixes famintos – trutas, percas, lúcios e até mesmo enguias mais velhas –; por ratos que caçam à beira da água; e por gaivotas, garças, martins-pescadores, corvos, mergulhões e aves gaviformes. Elas formariam densos cardumes em quedas-d'água e escalariam rochas cobertas de musgos, molhadas com a névoa das cachoeiras; também contornariam os vertedouros das barragens. Algumas delas avançariam centenas de quilômetros acima: criaturas do oceano profundo espalhando-se por toda a região que o próprio mar cobrira durante eras de um passado longínquo.

Enquanto as enguias permaneciam a pouca distância da praia no mar de março, aguardando a hora em que deveriam invadir as águas do continente, o oceano também se agitava, à espera do momento em que, uma vez mais, avançaria sobre a planície costeira, subiria as montanhas e se lançaria nos sopés das cordilheiras. Do mesmo modo que a espera das enguias na entrada da baía era apenas um interlúdio numa vida longa e repleta de mudanças constantes, assim também as relações entre o mar, a costa e as cadeias de montanhas, naquele dia de março, correspondiam a um momento no tempo geológico. Isso porque as montanhas seriam novamente desgastadas pela interminável erosão da água e, então, levadas como sedimentos para o mar. Uma vez mais, toda a costa se tornaria oceano; cidades e vilas pertenceriam ao mar.

Glossário

Abissal. Relativo a regiões profundas do oceano, envoltas pelas íngremes paredes da plataforma continental. O fundo das regiões abissais é uma vasta e desolada planície, com 5 quilômetros de profundidade, em média, apresentando vales ocasionais ou cânions que descem até 8 ou 9 quilômetros. O fundo é coberto por um depósito espesso, composto de argila inorgânica e resíduos insolúveis de seres marinhos diminutos. As regiões abissais são totalmente escuras e uniformemente frias.

Alface-do-mar. Alga verde-brilhante, de fronde achatada, parecida com uma folha. Embora suas frondes sejam finas como papel, a alface-do-mar frequentemente cresce sobre rochas que ficam expostas às pesadas investidas das ondas.

Alga. As algas pertencem à primeira das quatro principais divisões do reino vegetal; são as plantas[1] mais simples e, provavelmente, as mais antigas. Elas não possuem raízes nem folhas verdadeiras. Geralmente, consistem de talos ou frondes simples

---

1 Da época em que *Sob o mar-vento* foi escrito até hoje, houve alterações profundas na compreensão das relações filogenéticas entre os seres vivos. Após a época de Carson, veio o sistema de classificação que se baseava em cinco reinos, no qual as algas (com exceção das cianofíceas, ou algas azul-esverdeadas) eram componentes do reino Protista, enquanto as plantas compunham um reino à parte. Nas últimas décadas, o uso de sequências de bases dos ácidos ribonucleico (RNA) e desoxirribonucleico (DNA) vem fornecendo um panorama bem mais complexo das relações entre os seres vivos. Na atualidade, admite-se que alguns grupos de algas sejam estreitamente relacionados às plantas terrestres. Por outro lado, está bem estabelecido que as diatomáceas, as cianofíceas e as algas pardas, antigamente consideradas plantas, constituem grupos muito distantes não só entre si, como também das plantas terrestres. (NT)

que se assemelham a folhas. O tamanho e o formato das algas variam desde esferas microscópicas até corpos gigantes, com dezenas de metros. (Ver *Laminária*.)

Algas pardas. Entre as algas pardas existe um grupo cujos membros possuem escudos de calcário unidos numa notável armadura defensiva. Remanescentes desses escudos são encontrados em depósitos geológicos muito antigos, datando, pelo menos, do período Cambriano. A estrutura das espécies atuais é praticamente idêntica à de suas ancestrais pré-históricas.

Alma-de-mestre. Esse pequeno pássaro visita a costa dos Estados Unidos durante o verão e, no inverno, retorna aos seus sítios de acasalamento nas ilhas ao largo da ponta da América do Sul – alguns grupos vão até o interior do Círculo Antártico. É um tipo de petrel tido por muitos como semelhante à andorinha que segue o sulco deixado pelos navios, aparentemente dançando na superfície da água.

Amoditídeo. Peixe de corpo arredondado e delgado, semelhante a uma enguia. Ele se esconde na areia da zona entremarés enquanto a maré está baixa. É encontrado em abundância ao longo das praias arenosas do cabo Cod até Labrador. Também ocorre em grande número nas partes mais rasas dos bancos de alto-mar. Como outros peixes pequenos que vivem em cardumes, é o alimento de muitos predadores oceânicos, inclusive da baleia-de-barbatana.

Anchova. As anchovas são peixes pequenos, prateados e semelhantes ao arenque. Geralmente viajam em cardumes que são objeto de ataque de muitos peixes maiores. A anchova comum (isca branca) tem de 5 a 10 centímetros de comprimento.

"Andarilho do pântano". Inseto com corpo longo e delgado que anda deliberadamente sobre as folhas e flores de lírios-d'água ou sobre a superfície da água, procurando larvas de mosquitos, barqueiros e pequenos crustáceos, dos quais se alimenta.

Andorinha-do-mar. Ave característica da costa marinha. Pode ser reconhecida num relance por seu hábito de voar com a cabeça voltada para baixo, procurando na água sinais de peixes, os quais captura ao mergulhar. Acasalam em colônias enormes situadas em praias arenosas isoladas ou em ilhas do mar aberto. Uma espécie – a andorinha-do-mar ártica – realiza uma das mais longas migrações de que se tem registro, do ártico norte-americano até as regiões antárticas, via Europa e África.

Anêmona-do-mar. Uma anêmona-do-mar, alimentando-se tranquilamente, lembra muito um crisântemo, mas, tão logo venha a ser perturbada, essa ilusão de beleza floral se desfaz: vê-se, então, que se trata de um animal feio, balofo, em forma de barril. As "pétalas florais" são os numerosos tentáculos que a criatura expande durante a alimentação, para capturar pequenos animais, inoculando-lhes dardos venenosos. As anêmonas-do-mar são parentes das medusas e dos animais coralinos. Em geral, em repouso são muito belas e delicadamente coloridas. Variam em tamanho de 0,2 milímetro até 1 metro ou mais de diâmetro. Alguns espécimes são comumente vistos em lagoas de maré ou sobre estacas de ancoradouros.

Anfípode. Pertencentes ao mesmo grande grupo dos caranguejos, lagostas e camarões, os anfípodes formam um numeroso grupo de crustáceos cujos corpos são achatados bilateralmente e cobertos com uma cutícula polida e flexível, dividida em seções, permitindo-lhes que pulem ou nadem com surpreendente agilidade. Há cerca de três mil espécies de anfípodes, a maioria das quais vive no mar ou à sua margem. Talvez os mais familiares dentre os anfípodes sejam as pulgas-da-areia. Os caprelídeos, com cerca de 1 centímetro de comprimento, frequentemente aderem suas pernas traseiras a uma porção do talo de uma alga e estendem o corpo de forma rígida, de tal modo que acabam sendo confundidos com uma parte da alga.

Anguilla. Nome científico da enguia comum.

Apressório. Estrutura parecida com raiz, encontrada em algas, permitindo sua fixação ao substrato.

Argila vermelha. Depósito característico do fundo do mar nas grandes profundidades oceânicas (mais de 5 quilômetros). Esse material atapeta uma área maior do que a de qualquer outro tipo de depósito. Sua composição básica é silicato de alumínio hidratado. Contém bem poucos remanescentes orgânicos, por causa da profundidade em que é encontrado.

Ascídia. Animal que possui corpo coriáceo, semelhante a uma bolsa. Ao ser tocada, lança jatos de água a partir de duas aberturas parecidas com curtos bicos de chaleira. Cresce aderida a rochas, algas, estacas de ancoradouros e outras superfícies na costa marinha. Retira alimentos animais da água, a qual é transportada por um elaborado sistema de estruturas internas. As ascídias pertencem a um grupo intermediário entre os invertebrados e os verdadeiros vertebrados. No Japão, em alguns países da América do Sul e em certos portos do Mediterrâneo, são usadas na alimentação humana

Aurelia. Água-viva achatada, em forma de disco, de coloração branca ou branco-azulada, com até 30 centímetros de diâmetro. Sua aparência quando está nadando tem lhe valido o nome vulgar de "água-viva". Diferentemente de muitas outras medusas, a *Aurelia* tem tentáculos pequenos e pouco aparentes. A água-viva é encontrada nos litorais do Atlântico e do Pacífico.

Barqueiro. Quase toda pessoa que alguma vez tenha se postado ao lado de um curso d'água ou lagoa deve ter visto esse pequeno inseto remando na superfície da água. O corpo oval do barqueiro tem cerca de 0,5 centímetro de comprimento; os "remos" são o último par de pernas, muito achatadas e dotadas de cerdas. Surpreendentemente, alguns barqueiros são bons voadores, talento que exibem durante a noite. Alguns emitem um tipo de música, atritando uma perna dianteira contra a outra.

Berbigão. Molusco dotado de concha em forma de coração, geralmente com saliências radiadas esculpidas interna e externamente, conferindo-lhe muita beleza. O berbigão é um animal muito mais ativo que outros mariscos e percorre o fundo do mar por meio de surpreendentes saltos e cambalhotas. Ele consegue isso com o "pé" musculoso, que é recolhido para dentro da concha e, então, subitamente, estirado.

Bernaca. As baías costeiras rasas são territórios ideais para as bernacas, gansos negros e cinzentos que obtêm seu alimento favorito – raízes e caules subterrâneos de gramíneas zosteras – ao puxar as plantas para cima com o bico. Suas rotas de migração as levam da Virgínia e da Carolina do Norte até a Groenlândia e o extremo norte das ilhas árticas, passando pelo cabo Cod, pelo golfo de St. Lawrence e pela baía de Hudson.

Beroë. Um dos maiores ctenóforos (cerca de 10 centímetros de comprimento) que, em grande parte, alimenta-se de indivíduos da própria espécie, frequentemente engolindo presas de seu próprio tamanho. É abundante nas águas da Nova Inglaterra nos meses de julho e agosto, aparecendo na superfície durante a parte mais quente do dia, e mergulhando para profundidades maiores quando a água está fria ou o mar está agitado.

Blênio. Esse pequeno peixe vive entre algas e pedras das linhas de maré, em profundidades de 50 a 100 metros, ou, às vezes, um pouco mais. Seu corpo é alongado e parecido com o de uma enguia, com uma nadadeira acompanhando quase toda a extensão do dorso.

Bodião-do-norte. Peixe com corpo proporcionalmente grande do dorso até a barriga, com uma longa nadadeira dorsal. É encontrado especialmente em torno de estacas de ancoradouros e quebra-mares e, às vezes, também no mar aberto, de Labrador até Nova Jersey.

Bolacha-da-praia. Se todos os animais marinhos fossem convenientemente moldados como a bolacha-da-praia, sua identificação seria uma tarefa simples. A forma redonda e achatada de seu envoltório explica imediatamente o seu nome comum. A bela figura em forma de estrela gravada em sua concha é indicativa de seu parentesco com as estrelas-do-mar. Geralmente, a bolacha-da-praia vive no fundo do mar a pequenas distâncias da costa, mas, não raro, é levada pelas ondas para as praias, onde é comumente encontrada. Durante a vida do animal, o envoltório de seu corpo é coberto por espinhos moles e sedosos.

Borboleta-do-mar. Molusco estreitamente relacionado à lesma ou ao caracol comum, mas sem grande semelhança com esses animais tão corriqueiros. As borboletas-do-mar vivem em águas do mar aberto, onde nadam graciosamente próximo à superfície. Algumas têm conchas da espessura de uma folha de papel; outras, sem conchas, são lindamente coloridas. Às vezes, ocorrem em números enormes, e são devoradas em grande quantidade pelas baleias.

Briozoário. Animal marinho ou de água doce, com forma geralmente ramificada e delicada, parecida com a de musgos. Os naturalistas antigos consideravam-no pertencente ao grupo das plantas. Alguns tipos de briozoários formam crostas viscosas com aparência rendada sobre rochas e algas. Trata-se de um grupo animal muito antigo.

Cabrinha. Peixe encontrado principalmente na área que abrange desde a Carolina do Sul até o cabo Cod. Algumas cabrinhas podem ser vistas também mais ao norte, perto da baía de Fundy. Na aparência, a cabrinha assemelha-se aos hemitrípteros e a certos peixes-escorpiões. Tem cabeça larga e corpo dotado de grandes nadadeiras peitorais (localizadas logo atrás das brânquias), parecidas com ventarolas. Comumente, esse peixe permanece no fundo do mar, com as nadadeiras abertas. Quando ameaçado, enterra-se na areia até a altura dos olhos. As cabrinhas comem grande variedade de alimentos, incluindo camarões, lulas, mexilhões, pequenos linguados e arenques.

Calanus. Pequeno crustáceo copépode (cerca de 3 milímetros de comprimento), extremamente abundante em certas estações do ano, ao largo da costa da Nova Inglaterra. Sua importância econômica é considerável, pois é um dos principais alimentos de arenques e cavalas, e também da baleia-franca. (Ver *Copépodes* e *Crustáceos*.)

Camarão. Enquanto vivo, um camarão é bem parecido com uma lagosta em miniatura. Apenas a "cauda"[2] articulada e flexível do animal é comercializada no mercado pesqueiro. Por conter pouco músculo,[3] a cabeça do camarão é removida nos estabelecimentos que embalam o produto.

---

2 A "cauda" de que trata o texto é o abdome do crustáceo, e a cabeça corresponde ao que, em zoologia, se denomina cefalotórax. (NT)
3 O texto refere-se ao mercado pesqueiro norte-americano. No Brasil, é comum vender-se camarões inteiros. (NT)

Camarão-de-olhos-grandes. Assim chamado por causa dos grandes olhos que são bem notórios nos corpos quase transparentes desses crustáceos parecidos com camarões. Especialmente interessantes são as manchas fosforescentes que variam em número e arranjo de acordo com a espécie. Esses camarões são abundantes na superfície, geralmente acompanhados por cardumes de peixes e, às vezes, por bandos imensos de gaivotas. São frequentes nas zonas de entrechoque das marés.

Caranguejo-eremita. Também chamado caranguejo-ermitão, esse curioso caranguejo vive dentro de conchas de moluscos parecidos com caramujos e arrastam sua "casa" visando proteger seus delicados abdomes, que são cobertos por fina carapaça. Quando um caranguejo-eremita cresce demais comparado ao tamanho de sua casa, ele deve sair em busca de uma nova habitação. A inspeção de possíveis territórios é feita com muita cautela. Uma vez que a escolha é feita, o caranguejo abandona a antiga concha e entra na nova residência com notável rapidez. Admite-se que ele não se restringe a conchas vazias, podendo remover à força os donos legítimos desses envoltórios.

Caranguejo-fantasma. Caranguejo grande e muito pálido, a ponto de parecer quase invisível sobre as praias arenosas onde vive. É encontrado desde Nova Jersey até o Brasil, sendo um habitante comum das praias do sul dos Estados Unidos. É muito cauteloso e pode superar em velocidade um corredor veloz. Embora não hesite em entrar na água quando necessário, vive acima da linha da maré, em buracos com cerca de 90 centímetros de profundidade.

Caranguejo-violinista. Pequeno caranguejo gregário de praias e pântanos salobros. No macho, uma das garras é enorme e se converte numa arma para defesa e ataque. A posse desse "violino"[4] é, de certo modo, desvantajosa para o macho, pois o deixa com apenas uma garra para pegar alimento, enquanto a fêmea possui duas. Os caranguejos-violinistas geralmente vivem em enormes colônias entre as linhas das marés, cada indivíduo abrigando-se em seu próprio orifício na areia.

Caravela-portuguesa. Muitas pessoas já viram o lindo flutuador azul dessa criatura vagueando na superfície, especialmente em águas tropicais da corrente do Golfo. Desse flutuador, que atua como um balão de ar ou uma vela de navio, pendem tentáculos que podem se estender para baixo por 12 a 15 metros. A caravela-portuguesa pertence ao mesmo grupo das águas-vivas ou medusas,

---

4 Imagem evocada pela desproporção entre a grande garra e as pinças menores. (NE)

família da qual talvez seja o mais perigoso membro, pois seu veneno pode causar sérias doenças e até mesmo a morte.

Carófita. Essa alga de água doce forma prados submarinos em lagoas e lagos que recebem água de solos contendo calcário. A alga é caracteristicamente áspera e quebradiça ao toque por causa da presença de depósitos de carbonato de cálcio em seus tecidos e superfície. Em algumas águas, essas algas formam depósitos de marga, uma substância calcária esfarelenta, usada como fertilizante de solos deficientes em calcário. As frondes partem de um eixo central em agrupamentos candelabriformes. Os corpos de frutificação lembram lanternas japonesas diminutas, do tamanho de uma cabeça de alfinete, algumas cor de laranja, outras verdes.

Cerátio. Ser unicelular com cerca de 0,25 milímetro de diâmetro, com características de planta e de animal. É extremamente fosforescente. Durante os períodos em que os cerátios são mais abundantes, o mar reluz quando indivíduos dessa espécie são perturbados.

Cílio. Projeção diminuta de uma célula, em forma de cabelo. Quando presentes num organismo, os cílios geralmente aparecem em grande número e produzem uma corrente de água por meio de movimentos parecidos com os de um chicote. Alguns animais, algas unicelulares e larvas de organismos maiores movem-se por meio de cílios.

Ciprinodonte. Pequeno vairão que vive em cardumes de milhares de indivíduos em baías rasas, angras e locais pantanosos ao longo da costa.

Clorofila. Substância de cor verde encontrada em plantas e algas, em cujas folhas e frondes desempenha papel essencial na produção de açúcar e amido.

Congro. Animal exclusivamente marinho que chega a pesar 7 quilos, ou pouco mais, nas águas norte-americanas, e até 56 quilos em mares europeus. É extremamente feroz.

Copépodes. Grande grupo de crustáceos, todos com menos de um 1 centímetro de comprimento, a maioria bem menor do que isso. Muitos nadam livremente em meio ao plâncton; outros habitam corpos de animais vivos, dos quais saem e a eles retornam, sem prejuízo dos hospedeiros; há ainda os que são parasitas de brânquias, pele ou músculos de peixes. Os copépodes são um dos mais importantes elos na cadeia alimentar marinha, pois possibilitam que os alimentos produzidos pelas algas fiquem disponíveis para muitos peixes jovens e outros animais que deles se alimentam. (Ver *Calanus*, por exemplo.)

Corvina. Peixe abundante na costa atlântica ao sul da Nova Inglaterra e que deve seu nome inglês (*croaker*) à capacidade de emitir um som coaxante[5] ao bater em sua bexiga natatória (bolsa com aspecto de balão situada sob a coluna vertebral) com um par de músculos especializados. Essas batidas podem ser ouvidas a uma considerável distância sob a água. Outro nome inglês comum, usado especialmente na área da baía de Chesapeake, é *hardhead*.[6]

Craca. Apesar das rígidas conchas que a envolve, a craca não tem parentesco com as ostras nem com os mexilhões, como muitos supõem. Na verdade, ela é um crustáceo. Portanto, pertence à família dos caranguejos, das lagostas e das dáfnias. As conchas das cracas permanecem abertas enquanto elas ficam sob a água. Suas pernas, delicadamente emplumadas como penas de avestruz, são alçadas para fora de modo ritmado a fim de aerar o sangue contido nos filamentos e lançar pequenos alimentos animais para a boca. Quando a maré baixa, as cracas que crescem entre as linhas da maré fecham suas conchas com um clique audível.

Crustáceos. Os animais que possuem uma carapaça segmentada e pernas articuladas são denominados artrópodes; dentre esses, os que vivem na água e respiram por brânquias são chamados crustáceos. Exemplos comuns são as lagostas, as cracas, os camarões e os caranguejos.

Ctenóforo. Animal marinho parecido com uma água-viva (medusa). A maioria dos ctenóforos se apresenta em forma cilíndrica ou de pera. Eles nadam por meio do batimento de cílios parecidos com fios de cabelo, arranjados em oito fitas ou pentes longitudinais, daí o nome comum em inglês, *comb jelly*.[7] São lindamente iridescentes à luz do sol e geralmente fosforescentes no escuro. Os ctenóforos são economicamente importantes porque destroem grande número de peixes jovens.

Curral de peixe. Espécie de labirinto subaquático formado por redes ligadas a estacas presas no fundo do mar. A abertura do labirinto fica no caminho que os peixes normalmente percorrem para chegar ao mar. Depois que passam pelos vários compartimentos da estrutura, os peixes não conseguem achar o caminho de volta. No último compartimento – denominado "panela" ou "berço" – há também uma rede cobrindo o fundo do labirinto.

Cyanea. É a maior das águas-vivas da costa atlântica. Nas águas frias setentrionais, o corpo dessa medusa em forma de sino pode atingir 2,2 metros de diâmetro,

....
5 *Croak*: grasnir, coaxar. (NT)
6 *Hardhead*: cabeça dura. (NT)
7 *Comb*: pente. (NT)

com tentáculos que medem mais de 30 metros de comprimento – cerca de 95% de toda essa massa é água. Comumente, os indivíduos de *Cyanea* têm de 90 centímetros a 1,2 metro de diâmetro, com tentáculos de 9 a 12 metros de comprimento. O contato com os tentáculos produz uma forte sensação de queimadura causada pela descarga de centenas de diminutos "dardos" de células urticantes. Nas águas do norte, a *Cyanea* é vermelha, mas a espécie do sul pode ter coloração azul pálida ou branca leitosa.

Desmídeo. Diminuta alga unicelular de água doce e cor verde brilhante, que geralmente se apresenta em belos formatos de meia-lua, estrela ou triângulo.

Diatomácea. Alga unicelular na qual o material verde é mascarado por um pigmento marrom-amarelado. As paredes celulares são impregnadas com sílica. Após a morte, os remanescentes dessas algas acumulam-se em depósitos no fundo do mar, formando a base da chamada terra diatomácea, usada em pós de polimento. Leitos desse tipo de terra, com 30 metros de espessura, foram descobertos nas Montanhas Rochosas. As diatomáceas são o primeiro e indispensável elo nas cadeias alimentares aquáticas, tornando os nutrientes minerais da água disponíveis para os animais que delas se alimentam.

Dríade. Arbusto anão rijo, da família da rosa, encontrado no Ártico e nas regiões temperadas. As flores são grandes e brancas; quanto às folhas, diz-se que são um dos principais alimentos das ptármigas no inverno.

Efemeróptero. A maior parte da vida de um inseto efemeróptero se passa na fase imatura, em que ele vive até três anos em água doce límpida, escavando o fundo, abrigando-se sob pedras ou correndo sobre o leito de um rio ou lago. Na maturidade, ele emerge, acasala, deposita ovos e morre, tudo no decorrer de um ou dois dias. A vida adulta de um efemeróptero tornou-se símbolo de existência breve e momentânea.

Êider. Pato marinho que, durante a migração de inverno até a Nova Inglaterra e a costa do Atlântico Médio, passa a maior parte do tempo em alto-mar, geralmente sobre leitos de mexilhões, dos quais se lança à água para obter alimento. Os êideres são a principal fonte de plumagens usadas em artefatos americanos.

Empetrum. Arbusto de crescimento lento que não perde as folhas no outono nem no inverno. Típico de regiões do Ártico, do Alasca até a Groenlândia, é encontrado também no norte dos Estados Unidos. Seus frutos são um dos alimentos favoritos das aves árticas.

Enguia prateada. Uma enguia em condição migratória às vezes é chamada "enguia prateada", em alusão à coloração lustrosa e prateada de seu ventre.

Escrevedeira-da-lapônia. Ave da família dos tentilhões e dos pardais, com tamanho similar ao do pardal-cantor. No inverno, as escrevedeiras-da-lapônia podem ser vistas no norte dos Estados Unidos e no sul do Canadá; no verão, elas ficam em territórios de acasalamento situados em áreas cujo clima frio impede a existência de vegetação arbustiva, no norte do Canadá e na Groenlândia (algumas alcançam as ilhas árticas). Nas planícies ocidentais, as formações de voo dessa ave são descritas como "grandes bandos esparsos, cantando em uníssono".

Escrevedeira-das-neves. Às vezes chamada de "floco-de-neve", esta pequena ave do grupo do pardal acasala na região ártica. No inverno, ela perambula para o sul, chegando ao Canadá e ao norte dos Estados Unidos.

Espinel. A pesca com espinel (linha que desce pela água) é um método ultrapassado que ainda não foi totalmente superado pelos modernos barcos de pesca movidos a dísel. Nesse tipo de pesca, cada navio lidera pequenos barcos, nos quais as linhas principais são conduzidas. Em distâncias de aproximadamente 1,5 metro, prendem-se linhas curtas com anzol e isca à linha principal. As extremidades da linha longa são ancoradas e marcadas com boias. De tempos em tempos, os pescadores recolhem as linhas e removem os peixes. Às vezes, a linha é simplesmente passada pelos pequenos barcos, onde os peixes são recolhidos e novas iscas são colocadas nos anzóis e recolocadas na água.

Falaropo. Pequeno pássaro com tamanho entre o do pardal e o do tordo. Embora integre o grupo das aves costeiras, os locais onde o falaropo passa o inverno fazem dele um pássaro do oceano aberto. Durante a migração, os falaropos são vistos em grande número longe da costa; eles seguem em direção ao sul, provavelmente até bem além da linha do Equador. São exímios nadadores e se alimentam de plâncton quando estão no mar. Diz-se que, às vezes, pousam nas costas de baleias para apanhar piolhos-do-mar que ali se encontram aderidos.

Falcão-gerifalte. Falcão branco do Ártico que vive principalmente de pequenas aves e lemingues. Ocasionalmente, pode perambular na direção sul durante o inverno, até a Nova Inglaterra, Nova York e o norte da Pensilvânia.

Filamento de bisso. Alguns animais de concha, como caramujos e mexilhões, possuem uma glândula capaz de secretar um fluido que se enrijece em contato com a água, formando um filamento ou corda. Esse fio, chamado bisso, serve para fixar seu portador, evitando que esse seja levado pelas ondas ou correntes de marés.

Foraminíferos. Grupo de animais unicelulares, geralmente com conchas calcárias dotadas de numerosos poros através dos quais longas extensões de protoplasma fluem para fora. O efeito é deslumbrante. Após a morte dessas diminutas criaturas, suas conchas descem ao fundo do mar, formando depósitos de calcário que chegam a 300 metros de espessura. As pirâmides do Egito foram construídas com enormes blocos de calcário formados por foraminíferos fósseis.

Frústula. Concha de diatomácea com duas partes sobrepostas, como uma caixa e sua tampa. Constituída basicamente de sílica pura, é quase indestrutível. As frústulas variam em forma e são delicadamente ornadas com uma enorme diversidade de padrões. Esses ornamentos são às vezes usados para testar a capacidade de lentes de microscópios.

Fulmar. Ave do oceano aberto, pertencente à família dos petréis. É um pouco menor do que uma gaivota-argêntea e permanece em voo em grande parte do tempo. É muito ativa durante os períodos de tempestade. No verão, é vista na Groenlândia, no estreito de Davis e na baía de Baffin. Passa o inverno em regiões ao largo da costa da América do Norte, especialmente nos Grandes Bancos e nos bancos Georges.

Gaivota-rapineira. Essa ave pertence ao mesmo grupo das gaivotas e andorinhas-do-mar, mas, em seus hábitos, lembra falcões, gaviões e outras aves de rapina. Em alto-mar, onde passa o inverno, ela desempenha o papel de pirata, forçando gaivotas, procelariídeos e outras aves a ceder o produto de sua pesca. Durante a estação de acasalamento nas tundras árticas, a gaivota-rapineira preda pequenos pássaros e lemingues.

Gaivota-tridáctila. Embora seja pequena, essa gaivota é uma das mais resistentes de seu grupo de aves. Encontra-se quase sempre em mar aberto e raramente é vista no continente, exceto durante as migrações. São desse grupo as gaivotas que seguem os transatlânticos por longas distâncias.

Ganso-patola. No lado ocidental do Atlântico, os gansos-patola aninham sobre desfiladeiros rochosos do golfo de St. Lawrence e passam o inverno na região que vai da Carolina do Norte até o golfo do México. São grandes aves brancas típicas do mar aberto, que conseguem alimento mergulhando com forte ímpeto, frequentemente de uma altura de mais de 30 metros. Às vezes, um bando com várias centenas de indivíduos de gansos-patola ataca cardumes de arenques ou cavalas.

Garça-branca-pequena. Geralmente descrita como "a mais elegante e delicada das garças", essa ave já esteve perto de ser extinta pela caça desenfreada, motivada pelas belas plumagens que exibe durante a época de procriação. A garça-branca-pequena se parece muito com a garça-azul jovem, distinguindo-se dessa apenas por possuir pés amarelos.

Gorgonocéfalo. Espécie de estrela-do-mar com braços intrincadamente ramificados, sobre a extremidade dos quais ela caminha. Alimenta-se de peixes que tenham a infelicidade de se aventurar no interior de sua teia de braços semelhante a uma escova. Encontra-se no leste de Long Island e daí para regiões mais ao norte, em águas distantes da costa.

Hadoque. Pertencente à família do bacalhau, o hadoque é um peixe que vive quase exclusivamente no fundo do mar, praticamente em todas as profundidades da plataforma continental. O maior hadoque de que se tem registro tinha quase 1 metro de comprimento e pesava 11 quilos.

Hemitríptero. Esse peixe talvez seja o mais estranho membro da tribo a que pertence o peixe-escorpião. Possui grande cabeça espinhosa e nadadeiras franjadas; a superfície do corpo também é toda revestida de espinhos. É encontrado nas águas costeiras de Labrador até a baía de Chesapeake, sendo mais abundante no cabo Cod. Ao ser retirado da água, é capaz de inflar o corpo como um balão; se for devolvido ao meio aquático, fica flutuando com o ventre para cima, incapaz de governar os próprios movimentos. Não é um peixe comerciável, mas pescadores da costa marinha frequentemente reservam alguns hemitrípteros para usar como isca de lagosta.

Hidroide. Animal parecido com planta, do grupo das águas-vivas. Fica aderido ao substrato por uma extremidade e, geralmente, na extremidade oposta, tem uma boca envolvida por tentáculos. A semelhança com uma planta ramificada é particularmente forte quando os hidroides formam colônias, nas quais uma coluna central funciona como transportadora de alimentos para os vários membros do grupo.

Laminária. Alga de grandes dimensões, com lâmina (fronde) larga e espessa. As maiores crescem em água profunda, mas são frequentemente arrancadas do fundo e levadas para a costa. As laminárias estão entre as maiores plantas já conhecidas. Na costa do Pacífico, há uma espécie que pode chegar a mais de 100 metros de comprimento.

Lampreia. Peixe oceânico que vive em profundidades medianas e possui fileiras de órgãos fosforescentes dotados de anéis negros, com centro prateado. A cor do animal pode variar de acinzentado até preto, dependendo da profundidade em que vive (quanto mais profunda e escura a água, mais escuros são os peixes). A boca é extremamente grande e arredondada quando aberta.

Larva de caranguejo. Assim que saem dos ovos, os caranguejos são criaturas transparentes e com cabeças avantajadas, de modo que não guardam nenhuma semelhança com seus pais. À medida que crescem, passam pela muda da rígida cutícula que os reveste como armadura inflexível. A partir daí, segue-se uma série de mudas, cada uma aproximando-os mais e mais da forma de um caranguejo. Esses crustáceos passam o início da vida próximos à superfície, nadando a esmo ativamente e devorando pequenas criaturas da água circundante.

Lemingue. Semelhante ao camundongo, o lemingue é um pequeno roedor que vive nas regiões árticas. Ele tem uma cauda muito curta, pequenas orelhas e pés cobertos de pelos. Os lemingues de Lapland são notáveis pelas migrações em massa que realizam periodicamente. Nessas épocas, eles avançam em grandes bandos na direção escolhida, não importando os obstáculos que venham a encontrar. Quando chegam ao mar, correm até ele e se afogam.

Linha lateral. Pode ser vista na maioria dos peixes como uma fileira de poros que se estende ao longo dos flancos, desde as coberturas das guelras até a cauda. Internamente, esses poros interligam-se a um tubo extenso, preenchido com muco; esse tubo, por sua vez, comunica-se com vários nervos sensoriais. Acredita-se que a linha lateral é um órgão que permite ao peixe detectar vibrações sonoras de frequências tão baixas que dificilmente seriam percebidas pelo ouvido humano. Na prática, isso significa que um peixe pode perceber, a distância, a aproximação de outro peixe, ou notar que há um obstáculo por perto, como um paredão ou uma rocha. De acordo com evidências experimentais recentes, a linha lateral pode também ajudar o peixe a detectar mudanças na temperatura da água.

Lula. A lula comum da costa atlântica tem cerca de 30 centímetros de comprimento. É normalmente encontrada em grande número nas águas litorâneas e, na pesca, é bastante usada como isca. As lulas são notáveis por seus movimentos rápidos, como de flechas, e pela capacidade de mudar de cor, confundindo-se com o ambiente ao redor. As lulas, do mesmo modo que as ostras e os caramujos, são moluscos, mas sua concha é reduzida a uma estrutura interna, delgada e córnea, chamada "pena". As lulas pequenas diferem muito pouco, exceto pelo tamanho, das quase lendárias lulas-gigantes, das quais o maior exemplo conhecido é o de um indivíduo com 15 metros de comprimento, incluindo os tentáculos estendidos.

Maçarico-branco. Maçarico razoavelmente grande considerado uma das aves características da linha costeira. Os maçaricos-brancos realizam uma das mais longas migrações de aves, acasalando no Círculo Ártico e passando o inverno em regiões tão ao sul quanto a Patagônia.

Maçarico-de-perna-amarela. Tanto a espécie maior quanto a menor são às vezes chamadas "fofoqueiras", por causa do hábito de alertar, com fortes gritos, as aves menos atentas sobre o iminente perigo da aproximação de predadores. O maçarico-de-perna-amarela menor é raramente visto na costa atlântica durante a primavera, pois sua rota migratória percorre o Mississipi em direção a territórios de acasalamento na parte central do Canadá. As duas espécies são vistas nas praias orientais durante o outono, caracterizando-se como aves costeiras dotadas de notórias pernas amarelas. Passam o inverno no Hemisfério Sul, em países como a Argentina, o Chile e o Peru.

Maçarico-real. Ave grande, de bico longo, pertencente ao mesmo grupo dos maçaricos. No inverno, esse pássaro migra da costa sul-americana do Pacífico, passa pela costa norte-americana desse oceano e por regiões da América Central, da Flórida e da costa atlântica, e alcança zonas costeiras do Oceano Ártico, onde acasala. As espécies de bico mais longo e a conhecida como "esquimó" foram virtualmente extintas no século XIX, mas ainda se encontra grande número de indivíduos de maçaricos-galegos-americanos.

Marisco *Anomia*. Pequeno molusco com concha muito fina, geralmente de cor brilhante, em tons de limão ou pêssego. Conchas vazias de *Anomia* acumulam-se em amontoados sobre a praia, e diz-se que produzem tinidos ou sons delicados quando agitadas pelo vento ou pelas marés. Esse molusco é encontrado na região que vai do Caribe até o cabo Cod.

Marreca-de-asa-azul. Embora pequena, essa ave de asas azuis é uma das espécies de patos mais velozes. Sua área de migração estende-se de Newfoundland e norte do Canadá até o Brasil e o Chile; porém, muitas marrecas-de-asa-azul passam o inverno em latitudes correspondentes aos estados do Atlântico Médio.

Medusa. À conhecida água-viva com a forma de sino, guarda-chuva ou disco dá-se o nome de "medusa". Em seu ciclo de vida, algumas águas-vivas alternam fases em que se caracterizam como medusa ou hidroide. (Ver *Hidroide*.)

Merganso. Hábil mergulhador e nadador subaquático, o merganso é um pato que se alimenta de peixes. Seu bico é equipado com pontas agudas, parecidas com dentes, excelentes para apanhar e segurar presas escorregadias.

Mergulhão. Na água, o mergulhão lembra muito um pato. Porém, caso se sinta ameaçado, ele mergulha em vez de voar. É capaz de nadar debaixo d'água por distâncias consideráveis e, não raro, é apanhado em redes de pescadores. Encontra-se geralmente em lagos, lagoas, baías e canais. Alguns mergulhões aventuram-se em mar aberto, a 80 quilômetros, ou mais, da costa.

Merluza. Como o hadoque, as merluzas são membros da família do bacalhau, embora sejam distintas na aparência, pois são mais delgadas e afiladas. Uma característica da merluza é a longa nadadeira ventral parecida com uma antena, com a qual se acredita que o peixe detecta a presença de presas no fundo do mar.

Mnemiopsis. Esse ctenóforo chega a ter 10 centímetros de comprimento e ocorre em bandos numerosos, de Long Island até as Carolinas. É transparente, brilhante e muito fosforescente.

Mosca-soldado. Inseto que recebe esse nome por causa das listas cinzentas de seu corpo quando adulto. As larvas de algumas espécies vivem na água e assemelham-se a objetos inanimados com a forma de parafuso; sua respiração ocorre por meio de um longo tubo que se estende até a superfície da água.

Narceja. Ave costeira de médio porte e bico longo, da família dos maçaricos, encontrada na costa atlântica durante as migrações. A narceja passa o inverno na Flórida, no Caribe e no Brasil, e acredita-se que seu território de acasalamento situe-se no norte do Canadá, a leste da baía de Hudson.

Nereida. Verme marinho que pode ter de 5 a 30 centímetros de comprimento, dependendo da espécie. É uma criatura graciosa de se observar, que fica sob rochas e entre algas nas águas rasas. Às vezes, as nereidas nadam na superfície. Elas exibem, mais comumente, uma cor bronzeada, com lindos resplendores iridescentes. As mandíbulas córneas desse verme o tornam um ativo predador.

Noctiluca. Animal unicelular, com aproximadamente 0,8 milímetro de diâmetro. A noctiluca é um dos principais produtores marinhos de luz e chega a iluminar grandes áreas com intensa luz fosforescente. Durante o dia, enxames flutuantes de noctilucas podem tingir o mar de vermelho.

Orca. Também conhecida como baleia-assassina, pertence à família do golfinho, mas distingue-se facilmente das espécies próximas por apresentar nadadeira dorsal muito alta. Grupos de orcas viajam rapidamente pela superfície do mar, atacando outras baleias, golfinhos, focas, morsas e grandes peixes. São extraordinariamente fortes e valentes. Mesmo as grandes baleias parecem ficar paralisadas de temor diante de sua aproximação.

Pandion. Nome científico da águia-pescadora.

Pargo. Esse peixe em tons de bronze e prata é abundante nas águas costeiras de Massachusetts até a Carolina do Sul. Alguns pargos fazem migrações regulares, partindo de seus territórios invernais ao largo da Virgínia e chegando até a Nova

Inglaterra. Eles desovam no mar aberto em Rhode Island e Massachusetts. Geralmente, vivem no fundo do mar, mas às vezes aparecem em cardumes na superfície, como as cavalas.

Pato-rabilongo. Pato marinho notável por sua vívida e incansável disposição, seu comportamento ruidoso e sua indiferença em relação aos temporais. Acasala nas costas do Ártico e passa o inverno ao sul da baía de Chesapeake e na costa da Carolina do Norte. As penas da longa cauda do macho permitem distingui-lo de qualquer outra espécie de patos.

Peixe-dragão. Embora esse peixe tenha aparência feroz, apenas as diminutas criaturas do mar profundo precisam temê-lo, pois ele mede apenas 30 centímetros de comprimento. Provavelmente, o peixe-dragão passa toda sua vida nas regiões escuras localizadas a mais de 1 quilômetro de profundidade.

Peixe-enxada. Tem um corpo praticamente redondo e achatado bilateralmente. Por isso, em algumas localidades, às vezes é chamado – com razão – de "peixe-lua". Pode ter de 30 a 90 centímetros de comprimento. Em geral, alimenta-se ao redor de barcos naufragados, ancoradouros e rochas, procurando animais incrustados. É encontrado em regiões que vão de Massachusetts até a América do Sul.

Peixe-escorpião-com-orelha-em-gancho. Estranho peixe com nadadeiras peitorais em forma de abano e ganchos bem visíveis nas laterais da cabeça. É encontrado em águas frias, espalhando-se do Labrador em direção ao sul, chegando ao cabo Cod e aos bancos Georges.

Peixe-galo-de-penacho. Peixe muito estranho encontrado na baía de Chesapeake e em regiões mais para o sul. Seu corpo é alto e comprimido de um lado a outro, com linda coloração prateada e brilho opalescente. O longo perfil e a "testa" elevada dão a impressão de que o peixe está olhando para baixo de seu nariz.[8]

Peixe-machado. Peixe comprimido e prateado dotado de órgãos luminosos muito desenvolvidos, encontrado no fundo do mar.

Peixe-pescador. É notório e talvez o mais horrendo, mais repulsivo e mais voraz de todos os peixes. Metade dele é cabeça, da qual boa porção constitui a boca, daí o nome inglês com que é nomeado em algumas regiões: *all-mouth* ("todo boca"). O peixe-pescador é encontrado em ambos os lados do Atlântico e pode atingir 1,2 metro de comprimento.

---

8 O nome inglês do peixe é *"lookdown fish"*, que, literalmente, significa peixe que olha para baixo. (NT)

Glossário

Peixe-rei. Pequeno peixe alongado, com uma lista prateada em cada lateral, encontrado em água doce e salgada. Cardumes desse peixe são frequentemente abundantes ao largo de costas arenosas.

Pepino-do-mar. Não guarda nenhuma semelhança com animais aparentados, como a estrela-do-mar e o ouriço-do-mar. Tem a aparência de um verme, com superfície dura e musculosa. Os pepinos-do-mar movem-se lentamente sobre o fundo oceânico, engolindo areia e lama, das quais retira pequenas porções do material orgânico do qual se alimenta. Tem um método estranho de defesa: quando atormentado por inimigos, expele todos os órgãos internos para mais tarde regenerá-los lentamente. O *trepang* (ou *bêche-de-mer*), com o qual os chineses preparam sopas, nada mais é do que o pepino-do-mar desidratado. Por outro lado, na Europa consome-se ouriços-do-mar carregados de ovos.

Pescada-marlonga. Peixe forte e vigoroso que percorre a água desde o fundo até a superfície em busca de presas, as quais consistem principalmente em pequenos peixes que andam em cardume. A pescada-marlonga é parente próxima do bacalhau, embora seja muito mais delgada e ativa. É encontrada desde as Bahamas até os Grandes Bancos, da superfície até profundidades de quase 600 metros.

Plâncton. Termo derivado de uma palavra grega que significa "perambulante". É aplicado coletivamente a todas as diminutas algas e animais que vivem na superfície ou em pequenas profundidades de oceanos e lagos. Alguns membros do plâncton são totalmente passivos em seus movimentos, levados para lá e para cá de acordo com as correntes; outros são capazes de nadar ativamente em busca de alimento. Contudo, todos ficam sujeitos aos movimentos mais fortes das águas superficiais. Várias criaturas marinhas são membros temporários do plâncton durante a infância. Isso vale para muitos peixes e animais do fundo oceânico, como mariscos, estrelas-do-mar e caranguejos, entre muitos outros.

Plataforma continental. Consiste no suave declínio do fundo do mar, que se inicia nas linhas de maré e desce a profundidades de aproximadamente 200 metros. Em certos locais, a plataforma continental dos Estados Unidos tem cerca de 160 quilômetros de largura; em outros, como ao largo da costa da Flórida, esse número cai para apenas uns poucos quilômetros. Muitas partes da atual plataforma eram terra em épocas geológicas relativamente recentes. A maior parte dos pesqueiros comerciais está confinada a águas da atual plataforma. O declive mais acentuado, que começa a partir da margem da plataforma e desce às zonas abissais, é chamado "talude continental".

Pleurobrachia. Pequeno ctenóforo, com cerca de 1 a 2 centímetros de comprimento, dotado de longos tentáculos brancos ou róseos. Em todo lugar em que é abundante, esse ctenóforo destrói grande número de jovens peixes.

Procelariídeo. Ave marinha que só aparece nas águas costeiras norte-americanas quando há tempestades que a desviam até lá. Há uma espécie de procelariídeo com grande envergadura que realiza uma notável migração: aparentemente, todas as aves dessa espécie acasalam nas ilhas isoladas de Tristão da Cunha, no Atlântico Sul; ali, elas fazem ninhos em túneis profundos no solo, revestidos por gramíneas. Em todas as primaveras, elas realizam uma longa migração para o norte, chegando até as águas ao largo da Nova Inglaterra, onde permanecem de meados de maio até o fim de outubro. Então, elas cruzam o Atlântico Norte e continuam em direção ao sul, ao largo das costas da Europa e da África, retornando às suas ilhas natais. Acredita-se que, nesse circuito pelos oceanos, uma ave procelariídea gaste dois anos, e que seu ciclo de acasalamento seja bianual.

Ptármiga. Ave galiforme encontrada nas tundras árticas dos Hemisférios Ocidental e Oriental. No inverno, quando a neve cobre os suprimentos de comida disponíveis na tundra, a ptármiga migra em imensos bandos para vales de rios do interior. Algumas espécies têm sido vistas passando o inverno no Maine, em Nova York e em outros estados no norte dos Estados Unidos.

Pulga-da-areia. Pequeno crustáceo que atua como importante carniceiro das praias, devorando prontamente peixes mortos e todo tipo de refugo orgânico. Ao revirar-se uma touceira de úmidas algas, dali saem dúzias de pulgas-da-areia, geralmente com cerca de 1 centímetro de comprimento, saltando com agilidade. Algumas espécies vivem em águas rasas, outras são encontradas na areia úmida ou entre algas.

Quela. Grande garra em forma de pinça presente nas lagostas, cujos músculos são considerados a parte preferencial para consumo. É uma arma eficiente para defesa e ataque.

Radiolário. Animal unicelular que vive apenas no mar. Às vezes, é grande o suficiente para ser visto a olho nu. Geralmente, fica no interior de um esqueleto de sílica, com bela estrutura, parecido com uma estrela ou um floco de neve. O protoplasma do animal flui para o exterior de perfurações no esqueleto, formando filamentos longos e radiados. Do mesmo modo que os foraminíferos, seus esqueletos vão para o fundo do mar e são encontrados em enorme quantidade nos depósitos marinhos.

Raia-prego. O corpo achatado, quase quadrangular, e a longa cauda provida de espinhos afiados, parecida com um chicote, servem para identificar imediatamente esse animal. A cauda é capaz de produzir um ferimento extremamente doloroso. As raias-prego são encontradas ao longo da costa que vai desde o cabo Cod até o Brasil e, ocasionalmente, em bancos pesqueiros de águas rasas no mar aberto. São parentes próximas dos esqualos e dos tubarões.

Rastro branquial. Na respiração dos peixes, a água entra pela boca e é expelida pelas brânquias (ou guelras), as quais são ladeadas por delicados filamentos que absorvem oxigênio. Os rastros branquiais – projeções ósseas situadas nos acessos internos às brânquias – têm a função de coar o alimento, separando-o da água, além de proteger os filamentos. Essas projeções têm sido comparadas à epiglote humana, que impede a comida de entrar na traqueia.

Rede cônica. Rede com formato de uma bolsa cônica que é arrastada pelo fundo do oceano. Em média, as redes cônicas têm 35 metros de comprimento, com abertura medindo 30 metros de diâmetro. Durante o arrasto, a rede abre-se a uma altura de cerca de 5 metros e é mantida aberta por duas pesadas peças de carvalho, de modo que a resistência dessas peças à água afasta uma da outra. As peças são presas ao navio por longas linhas de arrasto.

Rede de arrasto. Rede do tipo que se fecha em círculo, usada em águas profundas para capturar peixes que passam em cardumes. Para serem pegos numa rede de bolsa, os peixes precisam ser visíveis – seja como manchas escuras na água durante o dia, seja como brilho fosforescente quando eles se agitam durante a noite. A rede é baixada de modo que fique suspensa como uma parede vertical com a forma de um círculo, no centro do qual fica retido o cardume. Em seguida, é fechada no fundo, formando a "bolsa", por meio do franzimento de sua extremidade inferior, o que se consegue puxando as duas pontas da corda que passa entre argolas. Depois disso, ergue-se a corda da extremidade superior, concentrando os peixes na parte em que a malha é mais forte e retirando-os com uma rede funda com a forma de puçá.

Rede de emalhar. Uma rede de emalhar pode ser ancorada no fundo, ficar boiando na superfície ou permanecer em praticamente qualquer profundidade intermediária. Seja qual for o caso, sua posição na água é muito parecida com a de uma rede de tênis. Os peixes são apanhados nesse tipo de rede ao passar a cabeça através da malha, ficando presos pelas coberturas das guelras, que se projetam ligeiramente do dorso do peixe, como uma tampa. O peso de uma rede de emalhar à deriva faz que ela desça até o fundo do mar, movendo-se de acordo com as marés.

Rodovalho-americano. Nome comumente dado aos linguados do Atlântico Médio e da baía de Chesapeake. O rodovalho é um dos linguados de maior atividade predatória, perseguindo cardumes de outros peixes até a superfície. Além disso, ele tem habilidades camaleônicas que lhe permitem tomar a cor do ambiente ao redor. Em média, um rodovalho-americano tem 60 centímetros de comprimento.

Roncadeira-de-pinta. Esse peixe é assim nomeado por causa de uma mancha que aparece isoladamente em cada uma das laterais de seu corpo. A pinta é redonda, cor de bronze ou amarela. A roncadeira-de-pinta vive em águas costeiras, desde Massachusetts até o Texas, sendo um peixe comumente usado como alimento. Os machos emitem um som semelhante ao produzido pela corvina, mas com menor intensidade.

Ruppia. Gramínea aquática amplamente usada por aves marinhas como alimento. Tanto as sementes quanto a própria planta são consumidas. Plantas de *Ruppia* crescem em águas salobras ao longo da costa. Às vezes, são encontradas também em águas alcalinas.

Rynchops. Nome científico do talha-mar.

Salicórnia. Planta dos pântanos salobros que assume vívida coloração no outono, formando brilhantes touceiras.

Salpa. Animal transparente, com a forma de um barril, encontrado no mar. Cada indivíduo tem 2 centímetros ou mais de comprimento, e podem viver juntos, formando colônias ou cadeias. Apesar de a salpa ser uma das criaturas que exibe as primeiras formas da estrutura de sustentação que acabaram evoluindo e dando origem à coluna vertebral, ela pertence a um ramo lateral na árvore evolutiva, o qual não conduziu diretamente ao grupo dos vertebrados.

Sargo-de-dente. Peixe comestível pescado em águas costeiras desde Massachusetts até o Texas. É quase sempre encontrado em torno de velhos barcos naufragados, quebra-mares e portos. O nome inglês, *sheepshead*,[9] provavelmente se refere à forma peculiar da cabeça, em especial aos grandes dentes, parecidos com os de ovelhas.

Savelha. Peixe que tem parentesco próximo com o saval e o arenque. A savelha vive em cardumes e é encontrada desde a Nova Escócia até o Brasil. É pescada em grandes quantidades para a produção de óleo, rações animais e fertilizante,

---
9 *Sheepshead*: cabeça de ovelha. (NT)

mas não serve para consumo humano. Tem sido considerada presa de todos os grandes predadores natantes, incluindo baleias, toninhas, atuns, peixes-espada, pescadas-polacas e bacalhaus.

Scomber. Nome científico da cavala.

Mandrião-grande. Ave "pirata" dos altos-mares. Durante o verão, os mandriões-grandes são bem numerosos nos bancos pesqueiros da Nova Inglaterra, onde aterrorizam aves mais pacíficas, como as gaivotas, os fulmares e os procelariídeos, forçando-as a abandonar peixes, lulas e outros alimentos que tenham conseguido. Os mandriões-grandes acasalam na Groenlândia, na Islândia e em outras ilhas que ficam bem ao norte.

Tarambola. Ave costeira que, de modo geral, não corre na margem da praia – diferentemente da maioria dos maçaricos –, mas permanecem na areia bem mais acima. Entre suas espécies mais conhecidas estão o borrelho-de-dupla-coleira e a tarambola-coleirada. A tarambola também se distingue dos maçaricos por correr com a cabeça erguida e, subitamente, bicar a água (como fazem os tordos), em vez de ficar o tempo todo sondando e tocando a água com o bico. Elas acasalam-se no Canadá e no Ártico (algumas poucas espécies acasalam nos Estados Unidos) e passam o inverno em regiões meridionais, como o Chile e a Argentina.

Tatuí. Crustáceo comum em praias do cabo Cod até a Flórida, onde vivem em grandes colônias entre as linhas das marés. Quando a areia parece muito perfurada depois de uma onda ter passado sobre ela, uma investigação geralmente mostrará que há tatuís arrastando-se debaixo da camada d'água. Esses animais são recobertos por uma concha oval, sob a qual a cauda (ou abdome) é curvada como meio de autoproteção. Eles são primos distantes dos caranguejos-eremitas, os quais recorrem a um dispositivo distinto para proteger seu abdome coberto por uma película fina (ver *Caranguejo-eremita*). Às vezes, são chamados "caranguejos hipídeos", nome derivado de seu gênero científico, *Hippa*.

Tentilhão. Pássaro semelhante ao tordo e que chega aos Estados Unidos vindo da América do Sul no começo de abril. Seus territórios de acasalamento são conhecidos há muito tempo, mas novos ninhos foram achados em partes remotas de Grinnell Land, Groenlândia e Victoria Land.

Tipulídeo. Um tipulídeo adulto é um inseto com aspecto de mosquito de pernas longas, encontrado ao redor de cursos d'água ao anoitecer, ou voando em torno de lâmpadas à noite. Suas larvas vivem na água ou em locais úmidos.

Torda-anã. Ave marinha pouco menor que um tordo e pertencente à família da torda-mergulheira e do papagaio-do-mar. As tordas-anãs visitam as praias apenas para acasalar. No oceano, elas são exímias mergulhadoras e usam as asas (e não os pés, como fazem os mergulhões) para nadar sob a água.

Verme-flecha. Animal pequeno, alongado e transparente que vive apenas no mar, onde é encontrado desde a superfície até grandes profundidades. É um predador feroz e ativo que se alimenta de muitos peixes jovens.

Vieira. As conchas vazias de vieira são objetos comuns tanto nas costas orientais quanto nas ocidentais. Essas conchas têm a forma de abano, com fortes estrias radiais que partem da base, de onde, em muitas espécies, também se originam palhetas laterais. A vieira é um molusco comestível, como a ostra e o marisco, mas apenas o músculo vigoroso que abre e fecha as conchas é aproveitado (somente essa parte do animal é vista nos mercados). As vieiras estão longe de ser animais sedentários: elas nadam em grupos com movimentos erráticos através da água, em súbitos arranques produzidos pelo rápido abrir e fechar das conchas.

Vira-pedras. Uma vez visto, o vira-pedras nunca mais é esquecido, tão surpreendente é o espetáculo desse pássaro costeiro de coloração negra, branca e marrom-avermelhada. Seu nome comum refere-se ao hábito de usar o bico curto para revirar pedras, conchas e fragmentos de algas em busca de pulgas-da-areia e outros pequenos alimentos.

Sugestões de leitura complementar

BROOKS, Paul. *Rachel Carson at Work*. Los Angeles: Sierra Club Books, 1998.

CARSON, Rachel. *Beira-mar*. São Paulo: Global, 2010.

_____. *O mar que nos cerca*. São Paulo: Global, 2010.

_____. *Primavera silenciosa*. São Paulo: Global, 2010.

_____. *The Sense of Wonder*. New York: Harper Collins, 1998.

CRAMER, Deborah. *Great Waters*. New York: W. W. Norton & Company, 2001.

LEAR, Linda. *Rachel Carson: Witness for Nature*. New York: Henry Holt & Co., 1997.

_____. (Ed). *Lost Woods: the Discovered Writing of Rachel Carson*. Boston: Beacon Press, 1998.

MATTHIESSEN, Peter (Ed). *Courage for the Earth:* Writers, Scientists, and Activists Celebrate the Life and Writing of Rachel Carson. Boston: Houghton Mifflin, 2007.

Leia também:

PRIMAVERA SILENCIOSA

Raramente um único livro altera o curso da história, mas *Primavera silenciosa*, de Rachel Carson, fez exatamente isso. O clamor que se seguiu à sua publicação em 1962 forçou a proibição do DDT e instigou mudanças revolucionárias nas leis que dizem respeito ao nosso ar, terra e água. A preocupação apaixonada de Carson com o futuro de nosso planeta reverberou poderosamente por todo o mundo, e seu livro eloquente foi determinante para o lançamento do movimento ambientalista. Este notável trabalho de Rachel Carson foi considerado em 2000, pela Escola de Jornalismo de Nova York, uma das maiores reportagens investigativas do século XX.

Esta edição inclui um posfácio do escritor e cientista Edward O. Wilson. A introdução, da aclamada biógrafa Linda Lear, conta a história da forma corajosa como Carson defendeu suas verdades diante do ataque impiedoso da indústria química logo após a publicação de *Primavera silenciosa* e antes de sua morte prematura.

EDWARD O. WILSON é autor de dois livros que receberam o prêmio Pulitzer, *Da natureza humana* e *The ants* [As formigas]. Seu livro mais recente é *A criação: como salvar a vida na Terra*.

LINDA LEAR é a autora de *Rachel Carson, witness for nature* [Rachel Carson, testemunha da natureza].

O MAR QUE NOS CERCA

Este livro um é minucioso estudo do oceano no estilo que ficou conhecido como Rachel Carson, ciência em forma de romance. Em um ano vendeu mais de 200 mil exemplares só nos Estados Unidos; ficou 86 semanas na lista dos mais vendidos (39 delas em primeiro lugar) e foi traduzido para trinta idiomas. Por ele a autora recebeu as medalhas de ouro John Burroughs, da *New York Zoological Society* e da Sociedade Geográfica da Filadélfia. Foi publicado em capítulos nas revistas *Science Digest* e *The New Yorker* e, transformado em documentário por Irwin Allen, recebeu o Oscar em 1953.

Ao ser agraciada com o *National Book Award* (Prêmio Nacional do Livro, 1951) por *O mar que nos cerca*, Rachel Carson afirmou: "Os ventos, o mar e as marés em movimento são o que são. Se há encanto, beleza e majestade neles, a ciência descobrirá essas qualidades. Se eles não as têm, a ciência não as pode criar. Se há poesia em meu livro sobre o mar, não é porque eu deliberadamente a coloquei ali, e sim porque ninguém poderia fidedignamente escrever sobre o mar e ignorar a poesia.".

Para Ann H. Zwinger, que assina a Introdução desta edição, *O mar que nos cerca* tem "uma riqueza adicional e um significado pessoal. Ele continua a nos alertar para os perigos de usar os oceanos e, por extensão, o ambiente de modo imprudente. Ainda nos norteia como uma estrela-guia, expressando do modo mais preciso e em prosa lírica seu comprometimento com o mundo natural. Acima de tudo, *O mar que nos cerca* continua sendo prazeroso, não apenas pela beleza de suas palavras, mas também pela contemplação daquela vasta matriz líquida que circunda nossos continentes e unifica a nossa Terra".

Beira-mar

"Rachel Carson foi, primeiro e acima de tudo, uma escritora com notável estilo literário, cuja verdadeira paixão era o mar." – da introdução de Sue Hubbell

Rachel Carson é mais conhecida por Primavera silenciosa, um dos livros mais influentes do século XX. Mas, ao mesmo tempo que sempre se preocupou profundamente com o ambiente como um todo, sua paixão maior era o mar, razão pela qual muitos leitores consideram Beira-mar, e outros clássicos de Carson sobre a vida marinha, seus melhores trabalhos. Neste notável livro, Carson explora as regiões costeiras rochosas, as praias arenosas e os recifes de coral, conduzindo-nos a mundos insondados, para revelar a beleza evanescente de uma piscina natural e contar a história de um grão de areia. Com poesia e ciência, ela transforma um animal e uma planta do mar aparentemente simples em criaturas complexas e de fascinante beleza, merecedoras de nossa admiração, compreensão e, certamente, proteção. Este é um livro para ser lido por prazer em qualquer momento e local, sendo também útil como um guia de campo. As descrições de Carson são majestosas.

"A caneta de Carson está poética como sempre, e o conhecimento que ela revela é profundo." – Christian Science Monitor

"O mundo que Carson vividamente nos expõe é de fato extraordinário: é um mundo repleto de maravilhas, como os pequenos caracóis litorinídeos, com 3.500 dentes, e a anêmona-do-mar, que, na luta pela sobrevivência, deixou de viver isoladamente para viver em colônia." – The Atlantic Monthly

GRÁFICA PAYM
Tel. (011) 4392-3344
paym@terra.com.br